阅读成就思想……

Read to Achieve

VISIONS OF
TECHNOLOGICAL TRANSCENDENCE
Human Enhancement and the Rhetoric of the Future

人类未来进化史

关于人类增强与技术超越的迷思

[美] 詹姆斯·A. 赫里克（James A. Herrick）著

赵嫚 陈天皓 译

中国人民大学出版社
· 北京 ·

图书在版编目（ＣＩＰ）数据

人类未来进化史：关于人类增强与技术超越的迷思 /
（美）詹姆斯·A.赫里克（James A. Herrick）著；赵墅，
陈天皓译. -- 北京：中国人民大学出版社，2022.5
书名原文：Visions of Technological
Transcendence: Human Enhancement and the Rhetoric
of the Future
ISBN 978-7-300-30493-9

Ⅰ. ①人… Ⅱ. ①詹… ②赵… ③陈… Ⅲ. ①未来学
Ⅳ. ①G303

中国版本图书馆CIP数据核字(2022)第061510号

人类未来进化史：关于人类增强与技术超越的迷思

[美] 詹姆斯·A.赫里克（James A.Herrick）　　著

赵　墅　陈天皓　译

Renlei Weilai Jinhuashi : Guanyu Renlei Zengqiang yu Jishu Chaoyue de Misi

出版发行	中国人民大学出版社		
社　　址	北京中关村大街31号	**邮政编码**	100080
电　　话	010-62511242（总编室）		010-62511770（质管部）
	010-82501766（邮购部）		010-62514148（门市部）
	010-62515195（发行公司）		010-62515275（盗版举报）
网　　址	http://www.crup.com.cn		
经　　销	新华书店		
印　　刷	北京联兴盛业印刷股份有限公司		
规　　格	155mm×230mm　16开本	**版　次**	2022年5月第1版
印　　张	15　插页2	**印　次**	2022年5月第1次印刷
字　　数	160 000	**定　价**	69.00元

推荐序
技术如何为人的未来

赵旭东

中国人民大学人类学研究所教授、所长、博士生导师

不可否认的是，人类在两个方向上的理性探究从来都没有真正停止过。

一是试图要去找寻到人类的起源或由来。这种探究以众所周知的达尔文的进化论为顶点。鉴于进化论在 19 世纪以后的重大影响，人们也开始相信，人并不是所谓的上帝的产物，而是从其他物种逐渐演变而来的。从此，人们将一种进化论思想直接转用到了对人类社会、文化以及文明演进的理解上，强调一种优胜劣汰、有选择性的社会进化法则。因此，一种文明发展的阶梯观念在西方世界被固化了下来，并通过近代西方对西方以外世界的影响、支配乃至殖民征服传播到了世界各地。文明和野蛮之间形成了一种对立的关系，然后成为进化上的等级关系。因此，一切社会形态都会被人为地按照从低级到高级的进化序列予以等级排序。

人们将技术进步看成一种自然而然的支配性力量，以及技术落后的社会需要改变或改造其社会形态最根本的理由。我们曾经熟悉的"落后就要挨打"这一表述，便是基于这样一种社会进化论观念而提出的对于自我改造的自觉认识。社会进化论也在无形之中与殖民主义者对其他文明的征服和破坏

联系在了一起。

伴随后殖民时代的到来，人们逐渐觉醒，更多地认识到本土文化的价值和意义，以及他们作为人的存在。随着要依赖自己的社会和文化而生存的权利意识的高涨，西方进化论淡出了包括人类学家在内的社会科学家的视野，人们更强调在多元文化中"各美其美"的生活逻辑，这便是人们继文化觉悟之后的一种更具深度的自觉。

当然，关于人类起源的问题并没有得到根本的解决，它仍是人们最关心的问题。同时，人类社会中的问题和麻烦并没有因为进化论思想影响的淡化而真正减少，各种文明之间的冲突变成了频繁出现的大大小小的战争和利益争夺。两次世界大战已经让人们精疲力竭，人们再也不希望看到第三次世界大战的来临，因为核武器的存在和发达，第三次世界大战很可能意味着人类在这个星球上实质性存在的毁灭。

因此，人类需要面对人类理性探索的另一个重要方向，那就是人类未来的命运究竟会是怎样的？人类是否有一条自我救赎之路？人类在这方面的努力和对技术未来主义的思考，以及进入 21 世纪以来，世界性技术的超速发展并普遍地应用于人类生活，这些都真正影响着当下人类对于未来世界的憧憬。因此，基于未来技术迷思的科幻小说和电影，以及各种未来穿越剧和游戏软件成了人们新的消遣方式也就不足为奇了，人们在技术的使用中寻找着对自己未来的期望。在詹姆斯·A.赫里克所著的这本《人类未来进化史：关于人类增强与技术超越的迷思》一书中，我们可以清楚地看到人类的技术专家和思想者们在这方面的不懈努力和漫长探索，包括所谓的技术未来主义、奇点理论、从自然选择到精神进化、"生命即信息"的不朽观念、人的大脑和互联网思维、后人类以及生命延长，还有"终结死亡"的各种大胆设想和尝试，乃至于关于人工智能、超级智能以及"神灵"的新发现。人类正在试图脱离这个星球，进入太空，以殖民宇宙为目标，使自己成为真正的后人类。

这些人士在所有这些方面的努力都可以归于技术的未来主义的名下。总之，在这个方向上的研究者和思考者的目标就是实现超人类主义者（transhumanist）所谓超人的存在。换言之，他们旨在跨越人类既有存在的状态，借助各种技术，名正言顺甚至明目张胆地对那些未来主义者认为是人类自身固有的不足或不完善之处，加以替代或者改造。显然，这是一种新的、借着"向前看"的技术未来主义装扮的社会进化论，又重新回到了人类的现实生活中，它正在深刻地影响着越来越多的人的思考和生活。

我们显然不能否认这些未来技术在能力上的飞速发展，以及人类在打开了这个潘多拉的盒子后，所涌现出来的满足各种不可遏制的求取欲望的动机和作为。我们显然也不能否认，技术已经不只是现代工业化意义上的工厂和烟囱，而还是计算机、信息和生命紧密联系在一起，协力对人类的身体（其中自然包括大脑和细胞）进行探究和应用。例如，基因组测序技术已经完全可以用于在人群中筛查个体身上那些致病基因的存在，并能够在DNA层面上进行纯粹技术性的替换或再造，而使可能发生的恶性疾病得到控制和根除。富有幻想精神的企业家埃隆·马斯克寻求移民外太空的计划也在一步步地执行中。

今天现实的境况是，摆在人们面前的、由技术替代人类的各种场景日益增多。所谓的大数据从概念到在现实中得到广泛的应用，并没有经历很长的时间。肆虐全球的新冠肺炎疫情似乎使得这种技术的未来主义如虎添翼般地，并且超乎寻常地发挥着其特殊作用，每个人都感受到了未来使人类实现增强的技术的巨大威力：分子水平上的核酸检测成了分秒钟可以完成的事情；一个人的活动轨迹可以被清晰地描绘出来。显然，有类似数据在手的任何一个机构，都可以了解任何一个人的生命轨迹。对这类所谓的可以上传的生命信息而言，权利主义者所主张的隐私权在技术面前近乎成为一个不值得一提的意见性存在，因为在如今这个更多地被技术支配的信息世界中，这种权利并非可以真正地存在或受到保护。

但在这一方面，或许有一点是可以确定的，那就是人从成为智人的那一天起，就在试图否认一种人类的自然生活的存在，试图用这样一种否定构建起只有人类才会感觉舒适，以及可以接受的人类生活方式的存在。因此可以说，人创造了一种径直地从自然之中转化出来的人的文化的存在。而这样一种人的否定性的转化，可以被视为人类的一切努力或成就，不论是工具性的、技术性的、艺术性的、宗教性的，还是政治性的、经济性的，总之都属于人类文明存在最根基性的逻辑和思考模式。人类显然在其中找寻到并建构起人类自身的一种独特性的存在，我们同样应当将全部的技术未来主义以及后人类增强的作为都看作这种人对自然予以否定性转化的能力和思维的又一波新浪潮的涌现。

在这方面，人类仍在试图否定人的现实的存在，因为到目前为止，现实存在的人是那么不完美。在人类的世界中充斥着各种不安和焦虑，到处都可以见到不平等事件的发生，人们无法真正获得让每个人都心满意足的健康长寿和没有疾病的生活，太多超出时限的高强度劳动让人们无法感受到幸福的真实存在。科学家霍金曾经预言的人类灭亡以及关于地球的更大灾难的来临，何尝不是一种新的末世论的再现？当然，未来主义者从不会掩饰他们寻求一种新宗教的努力和热情。但我们充其量也只能将所有这些努力看成人类对新文化的塑造或使旧文化实现转型。在这个意义上，人类是在为死亡的必然性寻找一个可以解释、可以过渡以及可以传承下去的文化上的新表达，因此它们可以是石器时代的、铁器时代的、工业化时代的和信息化时代的。人类的所有这些努力都曾经在不同的时代里创造了适应那个时代的新的文化表达，并转化着那些旧有文化。

　　随着人工智能和互联网的普及，我们也不可避免地要在这种技术影响的轨道上去创造出一种新时代的文化，这是一种自信的文化，将以一种超越人类既有局限的文明支配方式涌现出来，但最终又可能如弗洛伊德在其《文明及其缺憾》（*Civilization and Its Discontents*）一书中所指出的那样，人类的文明及其发展有着其自身的那种不可化解的缺憾。人类显然并不会因为身体安装了假肢，就能够像上帝一样迈上了通往幸福的道路，或者能在幸福之路上走得更远一些。我们仍无法真正解决人类在应对自然存在之时对死亡和瓦解的恐惧，我们的一切努力都是尝试对这种恐惧进行一种人为的转化，只是传统之人没有更多地将这种努力放在每个个体的不朽或不死之上，而是将其转用到了集体的力量和传承之上，由此借助于一种集体存在的社会而使其变为不朽的存在，这种技术的存在是为一种集体的人而存在的。这正是传统文化的根本价值所在，它在刻意塑造并延续着社会的存在，使任何人可以安然于其中度过一生。而关于技术未来主义的文化能在多大程度上将人类真正带入那种在社会中游刃有余地存在的幸福，最终使技术为人、为人的社会生活服务，正是需要我们掩卷深思的。

2022 年 3 月 11 日　晨

目　录

技术未来主义

人类的首个发明是故事。

雷·库兹韦尔（Ray Kurzweil）

如果大脑无法表情达意，我们就不能有意识地创造，只能偶有收获。有些想法无法用语言表述，直到我们用一种能够自我沟通的系统工具驯服思维，这种状况才得以改变。

凯文·凯利（Kevin Kelly）

我们习惯于将迷思放在科学的对立面。但实际上，它们是科学的核心部分，是决定科学在我们生活中重要性的部分。所以，我们非常需要了解它们。

玛丽·米奇利（Mary Midgley）

俄罗斯媒体巨头德米特里·伊茨科夫（Dmitry Itzkov）于 2011 年发起了 2045 计划（2045 Initiative）。该计划将顶尖的思想家聚集在一起，共同展望一个技术卓越的未来，设想人类不再受到死亡或其他限制。在 2011 年于莫斯科和 2013 年于纽约举行的聚会上，世界知名的精神领袖和科学家进行了交流。更有一些宗教人士参加了聚会，以凸显该组织的主要目标，包括创造促进人类精神启蒙和基于高度精神性、高度文化性、高度伦理性、高度技术性和高度科学性这五项原则实现新的未来现实的社会条件。

该计划的主要目标是研发能够将个体的个性转移至更高级的非生物载体上并延长生命（甚至永生）的技术。该计划对未来技术的描述表明，基于机器的永生是一种精神和物质成就。因此，达成该目标需要最高级别的合作，包括尤其要重视在世界主流的精神传统、技术和社会之间进行尽可能充分的对话。这种大规模的人类改造堪比历史上一些重大的精神和科技革命。这基本上可以预见人类未来的样子，技术进步主义者也将实现人类发展的新战略，并因此创造出一个更有生产力、更充实和更美好的未来。

很多组织都很支持关注技术在改变人类现状方面的潜力的活动，伊茨科夫的 2045 计划只是其中一个。超人类主义组织 Humanity+①每年都会在世界

---

① 该组织的使命声明如下："Humanity+ 是一个国际非营利性会员组织，倡导以合乎道德的方式使用技术来扩展人类能力。换句话说，我们希望人们变得更好。"Humanity+ 在哲学声明中补充说："超人类主义是一种定义松散的运动，是在过去的 20 年中逐渐发展起来的。"早期理论家马克斯·莫尔（Max More）认为："超人类主义是一类生命哲学，通过科学和技术，在促进生命的原则和价值观的指导下，寻求智能生命进化的延续和加速，超越其目前的人类形态和人类局限性。"

各地举办多次会议。这些会议吸引了数百名参与者，其中很多是来自主流研究机构的科学家和研究人员。参加会议的一位学生在谈及到底是什么吸引了年轻人来参加此类技术未来主义活动时说："是理想主义。我们大多数人都没有宗教信仰，但我们仍然是理想主义者。这里为我们提供了一种表达理想主义的途径。"这里提到的"理想主义"有很多不同的名字，包括超人类主义、人类增强运动、技术未来主义、技术进步主义和后人类主义等。

在过去的20年中，技术未来主义思想发展迅速，尤其是这些思想得到了诸多著名科学家和哲学家的认可，这代表了一种值得我们关注的强有力的言论现象。虽然未来经常被描述，但它总是未知的；我们可以想象它的特征，但从未观察到。因此，那些技术未来主义拥护者的言论设想在塑造公众对未来的概念方面起到重要作用。对于那些格外关注特定未来的拥护者而言，有远见的叙述手法，即创造迷思，成为影响其说服力的主要因素。此外，当他们将言论技巧用于精心设计并传播一个引人注目的未来愿景时，将为支持者提供与其实际人数不成比例的文化影响力。

本书旨在探讨技术未来主义，尤其是与超人类主义和人类增强相关的言论，如何塑造技术未来的变革愿景。其中，我特别关注的是一个关于科技的超前叙述或迷思所构成的网络，这个网络使上述愿景变得十分合理，并因此颇具说服力。我认为，超人类主义和相关技术未来主义言论的实质是一种巧妙构建的预言迷思，描述了通过刻意使用技术来实现的无限的人类未来。这一愿景的中心站着增强并永生的后人类，他们打算通过变革性科学的手段使后代摆脱人类的弱点。由于对未来的普适愿景将影响公众的期望、立法和科研，因此了解构建这种愿景的叙述过程极为重要。

在后续章节中探讨的叙述涵盖了技术超越的复杂愿景的组成部分。尽管其拥护者声称，这种设想的未来不只是技术进步的必然结果；相反，史诗般的技术超越故事所描绘的未来是一种言论上的发明，是富有想象力的思想家及其拥护者的创作。许多致力于塑造未来言论愿景的主要支持者都与人类增强计划及其最突出的表现形式（即超人类主义）有关。因此，仔细研究这些新兴的技术未来主义运动将大有裨益。

超人类主义与人类增强运动

尼克·博斯特罗姆（Nick Bostrom）和大卫·皮尔斯（David Pearce）于1997年成立了世界超人协会（World Transhumanist Association），以展现一种更成熟且在学术领域受人尊敬的超人类主义形式。几乎与此同时，马克斯·莫尔的负熵学会（Extropy Institute）等相关组织也开始围绕超人类主义概念推广技术未来主义愿景。但是，尼克·博斯特罗姆、大卫·皮尔斯和马克斯·莫尔等思想家应该感谢费雷登·M. 伊斯凡迪亚里（Fereidoun M. Esfandiary）等一些更早期的人物。费雷登·M. 伊斯凡迪亚里是20世纪七八十年代的演讲者和作家，因将自己的名字改为 FM–2030 而出名。20世纪末，温文尔雅、口齿伶俐的 FM–2030 出现在美国广播和电视的脱口秀节目中。他倡导最终构成超人类主义话题的许多想法，如永生、人机融合、太空殖民和人工增强智能。FM–2030 还撰写了一份题为《你是超人类吗》（*Are You a Transhuman*）的早期超人类主义宣言。这可能是当代超人类主义运动的第一部作品。这本书重点介绍了培养心智敏锐度的实践和避免疾病的生活方式选择。我将在第 2 章中探讨人类增强思想的早期根源。

许多组织都对人类技术未来的形态感兴趣，除了 2045 计划和Humanity+，还有奇点大学（Singularity University）、牛津大学（Oxford University）的人类未来研究所（Future of Humanity Institute）、国际先进人工智能协会（Association for the Advancement of Artificial Intelligence）、人脑计划（Human Brain Project）、电气与电子工程师协会（Institute of Electrical and Electronics Engineers，IEEE）、美国国防部高级研究计划局（Defense Advanced Research Projects Agency，DARPA）、伦理和新兴技术研究所（Institute for Ethics and Emerging Technologies）、抗衰老战略工程研究基金会（Strategies for Engineered Negligible Senescence Research Foundation）、玛士撒拉基金会（Methuselah Foundation）等。对技术未来主义至关重要的研究领域包括人工智能、生命延长、纳米技术、机器人技术、基因工程、合成生物学和太空殖民。

超人类主义既是一种有组织的运动，也是一种哲学观点，这种观点认为，当前人类处于进化的过渡阶段，并将诞生一个新物种——后人类。尽管一些支持者赞同该运动的目标，但他们却在避免给自己贴上超人类主义者的标签。越来越多的科学家、记者、哲学家、企业家、媒体名人、精神领袖和自称是未来主义者的人都在推动一项激进的人类增强计划，无论他们是否隶属于超人类主义组织。这些意见领袖正在开发一种语言、精心讲述故事，并为技术改变人类的未来描绘愿景。这些战略性要素构成了一种未来的言论——旨在构建技术伦理、我们与机器的关系，甚至未来人类特征的话语实践。

人类增强的主要支持者包括科学记者罗纳德·贝利（Ronald Bailey）和乔尔·加罗（Joel Garreau）、社会学家詹姆斯·休斯（James Hughes）和威廉·希姆斯·本布里奇（William Sims Bainbridge）、发明家雷·库兹韦尔和玛蒂娜·罗斯布莱特（Martine Rothblatt）、哲学家约翰·哈里斯（John Harris）和艾伦·布坎南（Allen Buchanan）以及企业家德米特里·伊茨科夫和格雷戈里·斯多克（Gregory Stock）。其他经常与这场运动联系在一起的名字包括生物化学家奥布里·德·格雷（Aubrey de Grey）、物理学家本·戈泽尔（Ben Goertzel）、哲学家夫妇娜塔莎·维塔·莫尔（Natasha Vita More）和马克斯·莫尔、人工智能专家雨果·德·加里斯（Hugo de Garis）以及计算机科学家和小说家拉米兹·纳姆（Ramez Naam）。

博斯特罗姆在其文章《超人类主义价值观》（*Transhumanist Values*）中用以下这段话描述了这场运动的基本方向：

> 超人类主义者将人性视为一个半成品，我们可以学习以理想的方式来重塑它。当前的人类不必成为进化的终点。超人类主义者希望通过负责任地使用科学、技术和其他合理手段，我们最终将成为后人类，拥有比现在人类更强大的能力。

博斯特罗姆的同事安德斯·桑德伯格（Anders Sandberg）强调了理性在指导超人类主义愿景中的作用。他写道："从广义上讲，超人类主义认为，人类的境况并非一成不变，它可以而且应当受到质疑。此外，人类的境况可以而且应当通过应用理性来改变。"

应用理性来改善人类境况通常是在讨论所谓的"定向进化"时被提及的。技术辅助进化已经发展成为生物伦理学、医学、哲学和宗教中的一个重要课题。超人类主义者及其盟友认为，现在是时候控制人类进化了，我们可以通过基因工程、纳米技术和强大的算力等技术手段来加速并指导这一进程。在不断发展的增强叙述中，现在的人类只差一步即可迈向后人类，即一个更聪明、更长寿且更富有同情心的人类版本。后人类将殖民其他星球，并可能拥有近乎超自然的能力，如心灵感应和预知力。

许多人已经注意到，增强叙述很快会呈现出一种宗教特质。增强愿景所使用的语言以"永生""超越"和"信任"等词语为标志。一位著名的超人类主义者指出："对后人类未来的信任是超人类主义的精髓。"对增强话题持怀疑态度的哈瓦·提罗什－萨缪尔森（Hava Tirosh–Samuelson）发现，超人类主义的话语颠覆了人类作为自然界的组成部分的永恒秩序。但如今，我们将控制自然界。她写道："在后人类时代，人类将不再受到自然界的控制；相反，他们将成为自然界的控制者。"

一些支持者推测，实现超人类主义的梦想将需要建立一种新的政治秩序，以摒弃国家间相互竞争的旧模式。新的体系将在全球范围内展开合作，旨在通过更强大的互联网来实现技术的快速进步。人工智能专家雨果·德·加里斯提出，当前以指数级速度进步的科学技术将在 40 年内创造出一个比今天快 1 万亿倍的互联网、一个全球化的媒体、一个全球化的教育体系、一种全球化的语言和一种全球同质文化，这将构成"全球化民主国家"的基础。这种被德·加里斯称为"Globa"的新秩序将使世界摆脱战争、武器贸易、无知和贫困。

对博斯特罗姆而言，超人类主义通过创造活得更久和更健康、提高我们的记忆力和其他智力能力、改善我们的情感体验、增加我们的主观幸福感，以及让我们更好地控制自己的生活的机会扩大了人类自决的范围。他还指出，超人类主义代表着对一些宗教习俗和由此产生的预防性伦理的根本反抗。该运动提供了一种替代传统禁令的方式，即反对扮演上帝、破坏自然、篡改人类本质或表现出应受惩罚的狂妄自大。

推动革命

增强人类的时代将如何到来？许多参与增强运动的人认为，虽然政府和大学通常是大规模技术进步的仲裁者，但它们在推动技术革命方面则显得过于缓慢和笨拙。公民科学家、富有想象力的企业家和有远见的企业才是进步新的推动者。雷·库兹韦尔就是一个榜样。他是发明家、商人、作家和技术先驱，是最知名的激进增强的倡导者之一，目前担任谷歌特殊研究项目的负责人。

其他广泛受到技术进步人士青睐的灵活创业模式的推动者包括奇点大学联合创始人和 XPrize 基金会的创始人彼得·迪曼蒂斯（Peter Diamandis），以及互联网亿万富翁彼得·蒂尔（Peter Thiel）。彼得·蒂尔创办的蒂尔奖学金为那些中断学业去追求技术梦想的年轻企业家提供了高达 10 万美元的奖金。"我们的世界需要更多的突破性技术，"蒂尔说，"从 Facebook 到太空探索技术公司（SpaceX），再到 Halcyon Molecular 公司，世界上一些最具变革性的技术都是由那些辍学的年轻人研发出来的，他们迫不及待地想快点毕业。"

许多新兴的研究和教育机构都在追求技术变革和激进增强的愿景。作为硅谷有远见的企业家的培训基地，奇点大学吸引了谷歌公司、德勤（Deloitte）公司、基因泰克（Genentech）公司、卡特彼勒（Caterpillar）公司以及 GuideWell 等众多强大的赞助商。这所大学一年一度的未来医学（FutureMed）活动会帮助投资者与医疗从业者和发明家建立联系。世界各地越来越多的实验室都在从事人工智能、机器人学、遗传学、大脑、纳米技术和假肢研究，而这些都是人类增强支持者的兴趣所在。突出的例子包括位于美国加利福尼亚州拉霍亚的从事基因组研究的克雷格·文特尔研究所（J. Craig Venter Institute）、2013 年被谷歌收购的领先的机器人实验室波士顿动力（Boston Dynamics）公司，以及麻省理工学院计算机科学和人工智能实验室（Computer Science and Artificial Intelligence Laboratory）。

此外，维克森林大学（Wake Forest University）再生医学研究所（Institute for Regenerative Medicine）和南加利福尼亚大学（University of

Southern California）戴维斯老龄科学应用研究和管理学院（Davis School of Gerontology）等医学研究团体正在致力于再生医学和长寿研究。由诺贝尔奖获得者埃里克·坎德尔（Eric Kandel）创立的记忆药业（Memory Pharmaceuticals）公司和由记忆研究者蒂姆·塔利（Tim Tully）创立的达特神经科学（Dart NeuroScience）公司（前身为 Helicon Therapeutics 公司）等制药公司希望从改善记忆力的药物热潮中受益，这是迈向认知增强重要的一步。一些政府机构也在塑造增强人类的愿景方面发挥着作用，如美国国防部高级研究计划局，它是美国国防部的一个部门，为机器人研究以及与身心增强相关的其他研究提供资金帮助。如此庞大、多样化且资金充足的研究网络正在探索着增强支持者感兴趣的技术，可以说，这些相关项目的经济和社会影响力是无法被准确估算和充分概括的。

随着先进的生物技术推动医学治疗跨越了治疗（医学的传统目标）与增强的界限，医学语言也将面临改变的压力。麻省理工学院媒体实验室（MIT Media Lab）主任艾德·博伊登（Ed Boyden）认为，医疗技术的进步正在使"正常"等概念变得过时。博伊登说："没有人会反对帮助病人或残疾个体恢复正常功能的治疗方法，但更进一步（也就是超出'正常'）的后果并没有在医学界得到普遍研究，也没有得到很多人的认可。"尽管生物技术发展迅速，但治疗和正常功能的标准在医疗实践和研究中仍然根深蒂固。他说："在某种程度上，生物医学应该使我们恢复正常的观点已经融入我们通常在实验室进行的实验结构中。"

博伊登指出，我们正在进入一个新的时代，超越常态可能会以前所未有的新方式改变我们，以难以想象的方式改善我们的生活。例如，显著延长了蠕虫、酵母和老鼠寿命的研究可能有一天（很可能很快）会研发出延长人类寿命的药物。药物将使人们的警觉性提高至超出正常水平，而计算机化的假肢将使截肢者具有超出正常水平的运动能力。在这样一个不断变化的背景下，可能会需要一种新的医学语言。博伊登指出："可以说，是时候围绕人类增强的想法来创立一门新学科了。"新技术将使人们对"正常"的理解变得过时，而我们已经越来越难知道什么才是正常的。

本书概览

本书旨在识别、解释和评估目前围绕人类增强运动和技术进步主义的中心思想而出现的有关技术超越的有远见的叙述或迷思。接下来的章节将探讨在这些运动话语中紧密相关和反复出现的概念。这些迷思支撑着技术未来的愿景，其特点是不可避免的技术进步、人类的持续进化、作为信息载体的人类、后人类的崛起、世界范围的思想网络、技术不朽、展现出人类智能水平的计算机以及人类殖民太空。我的观点是，这些关于激进的人类增强的叙述构成了一种新兴且影响力越来越大的有远见的话语，一种对未来影响深远的言论，它正在塑造公众对技术、政策决策、研究进程和关于技术限制的道德辩论的期望。

第 2 章阐述了迷思作为一种言论策略的理论。通过对众多迷思流派的专家的研究，第 2 章建立了一个关于迷思的框架和词汇库，它们将在后续章节中应用于特定的叙述。第 3 章通过探讨 19 世纪和 20 世纪三位著名的未来主义思想家的迷思愿景，在广阔的历史背景下对技术超越进行叙述。他们通过精心制定变革性技术的早期愿景，为他们言论的支持者提供了重要的思想和战略语言。这些思想家通常对未来的技术未来主义愿景有大胆的想法或先见之明。

第 4 章和第 5 章探讨了进步和进化的基本叙述，以及对所有技术未来主义者和人类增强的论述都至关重要的叙述要素。进步和进化的概念为理解我们所居住的宇宙提供了形而上学的基础。

第6章和第7章将我们从进步和进化的背景重新引向增强人类的前景，这里的"增强人类"指的是那些为增强和超人类主义愿景带来活力的新人类。第6章探讨了从作为生物实体的人到作为信息载体的人的关键叙述转变，而第7章则探讨了与增强人类和后人类有关的迷思。正如这些章节所揭示的，技术改进最终并不是使智人（homo sapiens）进步的途径，而是形成一个新物种（即后人类）的一系列步骤。

第8章和第9章更细致地讨论了迷思叙述，这些叙述很少远离超人类主义关注的核心问题。第8章首先讲述了一些关于大脑的叙述，因为在技术未来主义者的论述中，大脑是人类的本质。关于大脑及其发展的叙述提供了一些关于我们将如何从普通人转变为增强的人的细节，对增强的人而言，未增强的人是最基本的起点。这一章还讨论了思维直接与其他思维交流，以创造具有超乎想象的能力的超级智能的愿景。第9章讲述了一些关于永生的迷思。后人类不仅有着优越的身体和精神素质，而且这些新人类将不知道什么是死亡。

第10章和第11章从激进的人类增强的愿景转向对后人类生存环境中外部因素的叙述。其中，第10章讲述了关于人工智能和用机器模仿大脑的迷思。这些迷思传达了人类与智能机器的融合以及将人类意识上传至计算机的愿景。这一章探讨了以电子方式复制大脑的努力如何也对人类未来的增强愿景至关重要。

第11章追溯了太空殖民作为增强人类的命运的迷思叙述。在技术未来主义愿景的这一部分，遥远的行星不仅是未来人类的居住地，而且是人类进化将达到顶峰的地方。人类实现了增强愿景的终极目标，完成了所有的进步，而且进化也实现了其最终目标，即将智能扩展到宇宙的每个角落。

第 12 章讨论了对超人类和增强愿景的回应，以及与该愿景相关的主要争议的来源，其中包括对技术控制生命的潜力、改变人性的可能性、人类增强的正义问题以及人类的伦理问题的担忧。结尾部分探讨了超人类主义和增强愿景对传统宗教体系中发展起来的愿景所构成的挑战。关于变革性技术的未来的言论日益增多，这些言论直到现在仍与宗教支持下的一系列主张直接对立。随着技术超越的愿景融合为对人类变革和历史高潮的连贯描述，宗教领袖和组织正面临着或许是他们从未面临过的最大挑战。

关于迷思

宗教的超验性和启示性视角是想象力的巨大解放。

诺思洛普·弗莱（Northrop Frye）

每一门科学最终不都是一种迷思吗？

西格蒙德·弗洛伊德
（Sigmund Freud）

迷思将永远与我们同在，但我们必须始终以批判的态度对待它。

保罗·利科（Paul Ricoeur）

　　我认为，想象一个关于理想化技术未来的富有想象力的叙述网络是技术未来主义话语的特征，尤其是与人类增强相关的那部分。这些叙述最好被理解为迷思，它们对运动的抱负与激发它们的惊人的技术突破同样重要。确实，传播有远见的未来主义叙述是与更广泛的技术未来主义运动相关的个人和组织的主要工作。从言论学的角度来看，这场运动表面上的科学任务基于一种叙述策略，即打造以技术为中心的迷思，这些迷思投射出一种超越生物和尘世的完美人类的生存愿景。本章更深入地探讨了"迷思"的概念，特别关注这种叙述形式如何在充满争议的言论（即技术的未来）中发挥作用。本章探讨了几位著名的迷思理论家的观点，以了解迷思的结构、功能和潜力。

　　文学学者、哲学家、人类学家和神学家指出，我们明显倾向于将叙述作为一种整理和理解生活经验的手段。20 世纪 40 年代，约瑟夫·坎贝尔（Joseph Campbell）曾将迷思描述为一个秘密通道，宇宙中无穷无尽的能量通过这个通道注入人类的文化表现中。然而，这种隐喻使人类文化成为一种无法解释的宇宙叙述力量的被动接受者。正如文学评论家劳伦斯·库普（Laurence Coupe）提醒我们的那样，迷思不是凭空产生的。最近的一些评论将迷思理解为目标导向的人类产物，尽管它们有着深刻的进化根源。乔纳森·戈特沙尔（Jonathan Gottschall）认为，为了回应存在主义的困惑和形而上学的焦虑，讲故事思维是一种至关重要的进化适应。它让我们能够体验到我们的生活是连贯、有序和有意义的。

　　人们经常注意到，迷思构建了一个有凝聚力的宇宙，并揭示了它的起源、中心人物和高潮。戈特沙尔写道，通过神圣的迷思，信徒们富有想象力地构建了一个从起源一直延伸到末世的另一种现实。叙述将我们置于一个宇宙中，并且普遍关注人类处境的巨大困境。一个古老的思想流派认为，当我们必须回答那些无法回答的重大问题（如"我为什么在这里""谁创造了我"等）时，我们会求助于宗教迷思。然而，这仅仅是对我们不断产生的"超自然迷思"倾向的部分解释。戈特沙尔承认，我们也会编写神圣的故事，因为它们对我们有益；当我们接受神圣的故事时，我们会更愿意合作，行为也更具建设性。对神学家布伦特·沃特斯（Brent Waters）而言，迷思不仅仅是一种复杂的幻觉。迷思讲述了起源和命运，并探讨了在这两种状态之间，善是如何战胜恶的。因此，迷思不是童话或寓言，而是一种对人类状况的叙述性解释——一种概括了希望和信任的所在之处，进而相应地调整了人类的欲望的文学手法。

对迷思的普遍理解还反映出人类学的方向。例如，神学家唐·库比特（Don Cupitt）写道，迷思通常是一个关于匿名作者身份、原型和普遍意义的传统神圣故事，它通常会在一个社群内反复出现。迷思通常与仪式有关，并讲述关于超人类的故事，包括众神、半神、英雄、灵魂或鬼魂。最后，迷思被设定在原始或末世时代，或超自然世界的历史时间之外，或者可能与超自然世界和人类历史世界之间的来来往往有关。

虽然迷思与其他叙事体裁被区分开来，但这些定义并没有传达出迷思的言论效力、适应性和说服力，甚至是它在危机时刻的政治必要性。一些观察家强调了迷思可能掩盖的党派动机和偶发倾向。例如，文学评论家玛利纳·瓦勒（Marina Warner）评论说，罗兰·巴特（Roland Barthes）在其作品《神话》（Mythologies）中对迷思的处理揭示了它是如何隐藏政治动机并在社会中秘密传播意识形态的。瓦勒指出："迷思不是永恒的真理，而是历史的混合物，它们成功地隐藏了自身的偶然性、变化和短暂性，以至于它们讲述的故事看起来似乎无法以其他方式讲述。"迷思的"诡计"是它能够呈现事物的本来面目，而不是将事物呈现为偶然和可变的。保罗·利科补充说，在危机时刻，尤其是当我们面临来自外部和内部的破坏或威胁时，我们倾向于回归迷思。然而，在如此紧急的时刻，迷思可能会呈现出危险的"偏差"形式。之所以会出现这种偏差，是因为正如米尔恰·伊利亚德（Mircia Eliade）所说："现代人已经失去了对迷思在其生活中所起到的重要作用的认识。"

除了人类学框架的持续影响，迷思在公共话语中也常常被赋予有限的作用，因为人们对其与论点之间的联系知之甚少。然而，"迷思"一词和另一个经常与言论和公共领域相关的术语，即"逻各斯①"（logos），有着微妙的历史关系。劳伦斯·库普解释说，迷思最初的意思是"演讲"或"词语"，但最终迷思被从逻各斯中分离出来，并被认为不如逻各斯。迷思象征幻想；后者是理性的论证。然而，这种区别并不意味着迷思的社会角色从属于逻各斯的社会角色。保罗·利科认为，迷思曾一度被逻各斯所吸收，但通过赋予逻各斯迷思的维度，迷思仍是一股强大的力量。虽然一些权威人士已经确定了迷思中的战略可能性，但学术界的注意力更多地集中在其排序、定位和指导功能，以及通常与人性和社会生活相关的能力上，而不是言论手法上。

弗里德里希·尼采（Friedrich Nietzsche）很早就肯定了迷思在创造社群中的作用。克劳德·曼琼（Claude Mangion）写道，对尼采而言，迷思是一种非概念性知识的形式，它本能地引起了将人们聚集在一起的个体的即时反应。库比特认为，创造迷思是人类思维的原始和普遍功能，因为它寻求宇宙秩序、社会秩序和个人生命意义的全局视野。因此，对文化和个人而言，这种创作故事的功能似乎是不可替代的。我们通过精心创作和重复将我们的生

---

① 逻各斯是欧洲古代和中世纪一个常用的哲学概念，一般指世界可理解的一切规律。在希腊语中意为语言、定义。——译者注

活置于一个更大的社会和宇宙故事中的叙述来发现意义。神学家布伦特·沃特斯简单地称迷思为对人类状况的叙述性解释。宗教学者凯伦·阿姆斯特朗（Karen Armstrong）认为，迷思帮助人们找到了他们在世界上的位置和真正的方向。

迷思通过塑造共同价值观来增强这种宇宙制图学和文化连续性。阿姆斯特朗写道，迷思是我们向自己保证生命具有意义和价值的手段。迷思学者米尔恰·伊利亚德提出了一个价值尺度，它在任何迷思体系中都可以被明确或隐含地传达。同样，埃里克·达代尔（Eric Dardel）认为，我们内化的迷思愿景照亮了每个现实，赋予其方向和价值。迷思是一种在世界中生活的方式，是一种在事物中定位自己的方式，是一种在寻求自我的过程中寻找答案的方式。玛利纳·瓦勒写道："迷思传达的价值观和期望在其形成的过程中是不断演变的。"

面对启蒙运动（Enlightenment）努力去除西方文化迷思色彩的努力，这些主张反映出迷思的学术声誉得到了提高。提升迷思的文化地位（即为迷思"平反"）的努力也可以追溯到 18 世纪。哲学家和言论学家詹巴蒂斯塔·维柯（Giambattista Vico）可能是第一位为迷思赋予核心历史角色的主要理论家。在其《新科学》（*The New Science*）和其他著作中，维柯广泛论述了迷思在塑造文明方面的作用。约瑟夫·马里（Joseph Mali）写道："维柯的迷思理论长期以来一直被迷思学者视为对现代迷思学的一项重大贡献。"尽管如此，维柯的作品在他所处的时代很大程度上被忽视了，而迷思随后被启蒙思想家斥为一种原始的文学形式而不予理会。这种对迷思的否定一直持续到 20 世纪。克劳德·曼琼写道："很长一段时间以来，由于启蒙运动的进步思想，迷思被贬低为迷信，并被视为一种需要战胜的东西，以便让位于'理性化'社会。"

　　然而，对维柯而言，迷思并不是理性的失败或前兆；相反，正如库普所写，迷思对这位文艺复兴晚期的言论学家而言，是文明发展的一个早期、必要且完全令人钦佩的阶段，是为历史注入活力的创造性冲动。维柯为迷思平反的观点还探讨了逻各斯与迷思、文字与故事、论证与叙述之间的关系。他对古代迷思体系的研究表明，迷思并不逊色于论证，它是论证的基础和来源，即迷思以逻各斯为基础，而叙述则先于学说的产生。马里写道，对维柯而言，迷思虚构通过构成或预示所有的人类行为和制度来照亮现实世界。历史事件所反映的模式只能在我们能够认识到的与迷思相关的连贯叙述模式的范围内被了解。

　　维柯通过将迷思和逻各斯呈现为不同但兼容的话语模式，提升了迷思的地位，并挑战了将人类历史视为从迷思到逻各斯的发展过程的主流理论，他将历史视为人类从自我束缚向迷思的不可阻挡的解放。迷思和逻各斯并不是对立的，而是互补且"对等"的话语模式，这种模式使人类可以通过投射到现实中的虚拟叙述，以及从中得出的经验主义理论来理解现实。逻各斯从观察中推理；迷思则是信仰和价值的基本结构，它引入了形而上学的意义。

　　对维柯而言，迷思，特别是故事，承载着关于历史和文化的重要线索，因为我们所有的文化创造都是对迷思的再创造。他对古代文化及其迷思的研究表明，迷思是人类世界本身形成的基础。根据马里的说法，维柯声称在那些古代碎片（即古代迷思）中发现了这个"真理"。通过迷思，我们的祖先能够创造人类世界。尤其是在这些迷思仍然存在于我们的思想和文化中时，我们尽可能地继续这项工作。

　　因此，研究迷思对于自我认识、掌握人类文明的起源，以及塑造我们目前所居住的世界至关重要。唐纳德·菲利普·维瑞恩（Donald Phillip Verene）注意到了维柯对真实叙述的兴趣，他写道："迷思的真相就像感知的真相，它只是形成了存在于那里的东西。"迷思通过这种方式创造了活生生的现实，人类的经验被我们的想象力或幻想的力量感知和形成。通过这种在迷思中发挥作用的想象力，我们最初创造了人类世界。维柯区分了想象和幻想。想象被理解为大脑的功能，它将感知组织成图像，从而使它们成为概念性思想的对象，而幻想则是一种充分且完全地统治世界的力量。迷思通过幻想的诗意力量作用于感知，塑造了我们的社会。

维柯使用迷思的"科学"来研究人类的思想和文化。继苏格兰人类学家詹姆斯·乔治·弗雷泽（James Georges Frazer）的开创性工作之后，克洛德·列维－斯特劳斯（Claude Levi–Strauss）重新构想了为迷思平反的工作。弗雷泽展示了世界各地的迷思的相似之处，确定了反复出现的迷思原型。列维－斯特劳斯在其具有开创性的文章《神话的结构研究》（*The Structural Study of Myth*）中重申了这一点："世界各地的迷思确实彼此相似。"他还认为，迷思的基本结构或"语法"揭示了人类思想的结构，从而揭示了人类经验的结构。迷思是人类语言的核心。的确，迷思就是语言，因为要想被了解，迷思就必须被讲述；它是人类语言的一部分。

迷思表现出对时间的关注，重述了在世界被创造之前，或者在它的最初阶段，无论如何都是很久以前发生的事件。然而，迷思的实践价值源自其内嵌的特定模式，该模式是永恒的。因此，迷思解释了现在、过去和未来。与维柯一样，列维－斯特劳斯也设想了一种迷思的科学。对重复模式的关注使迷思研究变得具有科学性，使人们能够根据迷思的组成部分以及它们之间的相互关系来进行分析。虽然迷思的实质在于它所讲述的故事，但解读它的关键不是在其叙述内容中，而是在其结构中。这种模式或"语法"起源于人类思维本身；因此，迷思在人心中产生，却不为他们所知。此外，大脑通过迷思寻求的秩序可能反映了一种宇宙秩序。因此，定义迷思的属性只能在普通语言层面之上被发现；也就是说，除了在任何类型的语言表达中都可以找到的特征之外，它们表现出更复杂的特征。总之，对列维－斯特劳斯而言，迷思的语法结构揭示了人类思维的结构，也许也揭示了宇宙本身的逻辑。

20世纪50年代，文学评论家诺思洛普·弗莱进一步发展了迷思理论。弗莱承认，对迷思的普遍理解，即其狭义和更专业的意义，主要将这一体裁视为与神圣或类似神圣的存在和力量有关的小说和主题。他认为，迷思在永恒和不可侵犯的力量与违反的时间条件之间展现出一种具有讽刺意味的张力。迷思双重性的原型是亚当，即被判死刑者的冷酷人性。在这种叙述矛盾中出现了一位挑战神灵和自然的悲剧英雄，他用自己的牺牲将人类送到了天堂。普罗米修斯就是这样的，这位不朽的巨人因与人类为友而被众神拒绝。从这个角度看，迷思不仅帮助我们了解了宇宙，而且为观众呈现了将超验思想人性化的言论工作，使进步的梦想可以被社会觉醒意识所接受。

特定的迷思结构对于迷思的人性化工作至关重要。对弗莱而言，启示是迷思的核心功能，它不是伟大的高潮，而是将自然界想象成一个无限且永恒的生命体的容器。神秘的自然通过仪式变得生动起来并充满了魔力，这种仪式是一种恢复与自然循环失去的融洽关系的努力。迷思和仪式驯服了野蛮的自然，并将其置于人类叙述的控制之下。通过启示，愚蠢而冷漠的自然不再是人类社会的容器，而是被那个社会所包容，并为人类所控制。在这样一个有序的迷思框架中出现了神，它以人性化的形式传达着无限权力的感觉。通过这种方式，迷思产生了一种全面的世界观，即一个社会及其传统中所有的想象性假设。迷思设想了另一个世界，从而塑造了其超然的愿景，并传播了对尚未出现的事物的想象预期。启示总是就在前方，它随时准备用自己的力量来震撼当下。启示的愿景承诺了一个没有灾难的新宇宙。

迷思充满了对启示的期待，还暗示了一个"顿悟点"，即超验世界与自然世界的融合时刻。凯伦·阿姆斯特朗肯定，所有的迷思都在讲述与我们的世界并存的另一个层面，并在某种意义上支持它。对弗莱而言，顿悟是可以被定位的，他写道："它最常见于山顶、岛屿、塔、灯塔、梯子和楼梯。"他还写道，定律的顿悟指的是存在和必然性。顿悟还指向迷思的神圣本质，即联结人类世界和无限神域的叙述。

其他分析也为早期关于迷思的结构和作用的发现增加了言论方面的内容。保罗·利科坚持认为，我们不能再将迷思局限于错误的解释，而必须认识到它的探索意义及其对理解的贡献。迷思无处不在，是所有其他理解形式的背景。它存在于猜测背后以及诺斯替主义和反诺斯替主义的结构之下。迷思是我们发现和揭示人与他认为神圣的事物之间的联系的手段。它具有象征功能以及发现和启示的力量。在迷思与历史分离的时代，迷思仍然是一种对思辨的刺激，因此是现代思想的维度。迷思就像诗歌一样，构成了对前所未有的世界的揭示，打开了通往其他可能世界的大门，这些世界超越了我们现实世界的既定界限。

科学哲学家玛丽·米奇利最近写到了迷思和象征主义在我们所有思想中的重要性。她写道，迷思形成了我们富有想象力的愿景，进而成为我们理解世界的核心。因此，它们不是分散我们认真思考的注意力，而是其中必不可少的一部分。米奇利一直对迷思在科学争论中所起的战略作用特别感兴趣。一种普遍的言论策略是将推测性主张与被广泛采用的科学叙述（如对进化的叙述）结合起来。她写道："现在主导我们争论的许多观点看起来似乎是基于科学的，但实际上是由幻想滋养的。通过这种方式，各种学科的各种学说都利用科学意象来获得本应属于科学本身的权威。"她补充说："因为它们听起来很专业，人们将其象征性信息当成了字面上的真理，因此，那些真正塑造了我们的思想和行为的典型现代迷思都归因于它们披着科学的外衣出现。"玛利纳·瓦勒也指出，迷思可以束缚我们的想象力，尤其是米奇利所认为的当它们披着科学的外衣时。

维柯认为，迷思引入了形而上学的意义；米奇利补充说，源自史诗叙述的形而上学假设渗透到我们生活中不断发生的戏剧中。我们所偏爱的叙述不只是对真实想法的干扰；相反，它们构成了思想的母体，并形成了我们心理习惯的背景。迷思传达了富有想象力的模式，这种模式塑造了对科学的期望和对事实的解释。随着越来越多的事实变得越来越令人困惑，我们对叙述的组织原则的需求也越来越大。迷思的工作并不局限于在感官印象的偶然世界和不可侵犯的力量的超验领域之间架起桥梁。迷思提供了对数据进行优先排序和解释的模板，即理解经验的一种方式。虽然我们可以选择我们用来理解物质世界的迷思，但我们无法选择在完全不使用任何迷思或愿景的情况下来理解这个世界。米奇利对作为模式的迷思的关注反映在了利科的公式，即"符号产生思想"中。

米奇利指出，迷思的言论潜力可以作为整理证据和决定行动的指南。在她的解读中，迷思具有论证的性质。肯尼斯·伯克（Kenneth Burke）也认识到迷思中有一种力量，尽管对迷思的来源或最初目的有各种解释，但这种力量依然存在。他提醒读者注意迷思可能会夸大其词。因此，在处理迷思时，考虑它在"做什么"和"说什么"，并牢记可能会在一开始就引起它的实用主义冲动是个好主意。伯克在 1935 年写道，迷思可能是错误的，或者它们可能被用于达到不好的目的，但它们不能被摒弃，它们构成了我们共同工作的基本心理工具。正如锤子是木匠的工具，扳手是机械师的工具，迷思是焊接相互关系感的社会工具。迷思远非幻觉，它在组织思想方面发挥着非常真实和必要的社会作用。

除了创造模板和模式，迷思还传达了愿望、投射了愿景，并统一了混乱的宇宙。然而，这种设想的统一可能会付出高昂的代价。虽然我们的等级精神驱使我们使世界具有叙述意义，但在这个过程中，我们可能会想象一种无法实现的完美。例如，探索迷思反映了对全面、完整和完美的向往。虽然迷思出现在不完美的人类当下，但它使人联想到完美主义的逻辑，以及对"理想秩序"的极端坚持就是极权主义。错误地追求完美并不是迷思的唯一潜在风险。库普指出，假设一个占据了超越迷思创造的时间过程的领域的独立和自我验证的真理也存在风险。迷思不应该通过以某种终极和绝对本质的形式屈服于过度的现实主义而丧失其神秘性。

最后，否认迷思的存在可能会带来风险。一个放弃了对神秘领域的希望的世俗社会不应因此被视为放弃了宗教的基本要素。这些要素在传统迷思消亡的过程中以新的形式幸存下来，利科警告说，这种新的形式可能会变得"离经叛道"。库普引用了吉亚尼·瓦蒂莫（Gianni Vattimo）的观点，大意是世俗化不仅在于揭露或揭开宗教错误的神秘面纱，而且在于这些错误以不同的、在某种程度上退化的形式存在。因此，世俗社会并不是一个简单地将其传统中的宗教要素抛在脑后的社会，而是一个继续将这些要素作为痕迹以及隐藏和扭曲的模式而存在的社会。这些曾经至关重要的迷思中孤立而尚存的要素被隐藏和扭曲了，需要我们进行认真的批判性审视。

关于迷思的几点看法

我们以一个关于迷思的潜力的问题开始了这一章。我想将讨论的几个方面汇总起来，对迷思进行简要的描述。我认为这种体裁具有潜在的策略性、说服力，并且能够使其观念适应受众。

第一，迷思因其能够从生活经验的早期印象中得出秩序和意义而吸引受众。用伯克的话说，迷思"命名"或总结了某种情况。这种语言魔术的行为是策略性的，将注意力集中到秩序或宇宙上，同时转移其他竞争者的注意力。戈特沙尔指出，叙述让我们体验到我们的生活是连贯、有序和有意义的，这是一种内在的吸引力。故事让我们置身于宇宙之中，让我们能够解决人类身处的困境。伊利亚德和其他人已经注意到迷思创造秩序与和谐的能力；然而，我们可以补充的一点是，迷思作为一种策略性产物，带来了特殊的意义以及特定的秩序与和谐。

第二，我们可以注意到迷思表达共同价值观的能力，从而使有凝聚力的社会身份成为可能。瓦勒强调了迷思的公共性，她写道："迷思是一种公开讲述的故事。"迷思以建设性和警示性的方式完成了社会凝聚力的任务。维柯建设性地指出了迷思在塑造文明和创造人类世界方面的能力；迷思是驱动人类历史和预测所有人类行为和制度的想象力引擎。通过这种叙述迷思，人类世界被创造了出来。迷思以其警示的方式定义了危险，并以这种方式呼吁社会统一生活和信仰。迷思传达了价值观和期望。迷思还通过定义敌人和异类来描绘社会。这种定义属于什么以及排除什么的工作也反映了其意图。对言论学家维柯而言，迷思通过融入幻想的诗意逻辑完成了这些文化塑造任务，这种幻想是一种充分且完全地统治世界的力量。

第三，弗莱指出，迷思的任务是调整超验理念，使其适应人类受众，使梦想可信，并以这种方式为社会觉醒意识所接受。在这一功能中，迷思不仅仅是其结构和内容；强大的叙述说服力使社会合作成为可能。伯克指出，迷思是融合相互关系感的社会工具，不同职业的人们可以通过它为共同的社会目的而共同努力。因此，迷思在组织思想中发挥着非常真实和必要的社会作用。

第四，迷思的力量表现在它能够投射出一种令人信服的超验愿景。迷思富有想象力的计划创造了另一个世界，并将世俗世界与更高层次的事物联系在一起。利科在将迷思描述为对前所未有的世界的揭示，打开了通往其他可能世界的大门，而这些世界超越了我们现实世界的既定界限时指出了这一令人信服的特征。曼琼也注意到，对尼采而言，迷思具有揭示其他可能性的力量，它们为对可能世界的揭示开辟了空间。

弗莱将这种揭示世界的特质称为"启示"。这是迷思的特征之一，即将整个自然界想象成一个无限且永恒的生命体。启示将愚蠢而冷漠的自然人性化，使其不再是人类社会的容器，而是被社会包容，并被人类控制。库普认为，迷思的启示性愿景承诺了完全存在另一种生存方式，这种生存方式将在超越当前的时间和空间后得以实现。启示使迷思变得诱人，因为启示总是就在前方，用它的力量来震撼当下。启示同时承诺了普遍的转变：一个摆脱了灾难的新宇宙。

迷思还想象了一个"顿悟点"，即超验世界和自然世界的融合时刻。顿悟联结并调和了完全不同且矛盾明显的领域——天与地、时间与永恒、现在与未来。顿悟被定位在山顶、岛屿、塔、灯塔、梯子或楼梯等处。这些隐喻在世俗和天堂之间架起了桥梁。然而，弗莱还写道，定律的顿悟是关于存在和必然的。进化的定律可能提供了一个关于什么是必然的例子，或者我们通常理解进步的类似定律的方式。摩西律法（The Law of Moses）是连接天地的桥梁。顿悟还指向迷思的神圣本质，弥合了人类世界与神的无限神域之间的鸿沟。

第五，迷思塑造了理性，无论是普遍的还是具体的。米奇利肯定了迷思和象征意义在我们所有思想中的至关重要性，而不仅仅是我们关于起源、终点和救赎的思想。她发现迷思甚至是科学言论的核心，但她的一般观察也适用于其他类型的象征行为：迷思叙述在人类认知活动的整个范围内都产生了强大的影响力。迷思对米奇利而言是范式，它们提供了思想的母体，并塑造了我们心理习惯的背景。以这些叙述为特征的富有想象力的模式塑造了我们将从呈指数增长的数据库中得出的结论。

尽管人们为消除西方话语的迷思色彩进行了长期和坚定的努力，但米奇利认为，我们将严重依赖迷思来组织模板，以引导我们进入一个新时代。现在，比起传统方法，数据的快速积累能够更充分地解决问题，这将不可避免地驱使我们朝着指导性叙述中所包含的解释原则前进。米奇利提醒我们，正如伯克之前所做的，我们可以选择我们的迷思，但无法选择在完全不使用任何迷思或愿景的情况下来理解（我们所居住的世界）。然而，迷思的必要性表明迷思是有风险的。

总而言之，迷思是一种公共叙述，因此是一种语言结构，它试图解释两个领域或世界之间的关系，并在这个过程中唤醒超越自然和人类的力量，最终建立一个有序的宇宙，并确定人类在其中的位置。迷思暗示了秩序的原则，创造了坚守的共同体，将不同的领域联系在一起，描绘了乌托邦或完美的愿景，并暗示了与超验目标一致的思想和行动的本质。作为一种策略，迷思被用来为受众设想一个全面的秩序，即一个宇宙，并通过这一愿景来窥见一个理想的未来，而不完美的现在只是一个准备阶段。迷思通过顿悟和启示等言论手法使特定的宇宙组织变得合理和令人向往。因此，迷思作为一种叙述性论据，保证了符合秩序愿景的特定行动，并排除了无益于所设想的未来状态的行动。

然而，当一个特定的迷思以不可侵犯且自我验证的完美启示为群体带来负担时，就会出现伦理问题。当一个愿景需要在政治、社会和科学领域占据主导地位时，它就会被滥用。这些独特的迷思取代了相互竞争或潜在的纠正性叙述，不允许进行认真的批判性审视，因为愿景描述的力量和目的仅仅超越了人类和历史的考量。这个愿景揭示了一些高于目前世俗所关注的东西，因此它不应受到质疑。伯克认为，我们的等级精神驱使我们去理解我们的世界。然而，这种精神可能会导致我们追求完美，而这种完美是我们永远无法企及的。在政治和社会领域，这种对完美主义的坚持不懈可能会产生严重和具有破坏性的后果。

在接下来的几章中，我们将探讨一系列与人类增强和超人类主义运动相关的有远见的迷思。通过采用一种允许迷思发挥言论作用的范式，我们将寻求理解这些叙述的来源、内容以及作为话语策略所蕴含的深刻的社会、政治甚至精神意义。我们还将在适当的情况下寻求评估这些叙述的伦理影响。所有迷思都是为了回应社会和历史情况而发展起来的。我们将在第 3 章中介绍三位主要作家在他们的作品中发展科学和技术迷思的努力，他们的愿景塑造了后续章节中对于技术超越愿景的讨论。

展望技术未来

是什么让科学变得更宏大、更有趣?
是一种巨大的、不断变化的、富有想象力
的思想结构,科学家通过这种结构设法将
事实联系起来,并理解和解释它们。

玛丽·米奇利

决定思想进化的不是物质世界,而是
产生科学和技术发展的思想。

让－皮埃尔·迪皮伊

(Jean–Pierre Dupuy)

悲剧英雄被裹挟在他们与某种事物交
流的神秘中,我们只能通过他们才能看
到这种事物,而这正是他们力量和命运的
源泉。

诺思洛普·弗莱

3

记者乔尔·加罗相信，增强即将到来，而且这在很大程度上是一件好事。然而，他并没有将科学视为对宗教领域的侵犯，而是建议应该围绕增强的过程来设计精神象征。他说："也许正是因为我们的奉献，我们才可以开始选择方向。但现在，我们的叙述与事实不符。我们是否应该将这些仪式视为人类本性未来的重要组成部分？"在加罗看来，增强仪式将使我们能够优雅地跨越门槛并进入新的领域：

> 我们能否想象一下，一个年轻人接受他的第一次认知突破，唤醒他对所有意义之网的意识的伟大意义？那么，成熟的权力呢？即一个人被正式承认知道了足够值得保留的东西，而更大的社会标志着他应得的第一次记忆升级。当一个人接受他的第一次细胞年龄逆转检查时，我们是否应该有一个永恒的生命仪式呢？

增强仪式可以传达叙述的重要方面：

> 它们可以说："永远不要忘记你是谁；永远尊重你已经成为的样子。无论你走了多远，你都是我们当中的一员。"它们可以包括正式的告诫，即只为善用这些权力。它们可能包括我们可能正在为最大赌注而进行的观察。

体现神圣超越的仪式可能会阻止我们滥用我们的工具，这种洞察可能已经逃脱了外星文明。我们无法探测到宇宙中的任何其他智能。也许这是因为宇宙中的所有其他物种都没有通过这项超越测试，所以没有留下任何痕迹。其他仪式可能会发展成人们跨越阶级、性别、地域、种族和宗教等障碍的转变庆典。

实际上，想象一种全面的技术文化的工作早在技术时代到来之前就已经开始了。弗朗西斯·培根（Francis Bacon）在其于 1627 年出版的《新大西岛》（*New Atlantis*）一书中清楚地指出了技术未来主义的重要主题。虽然培根的先见之明在 17 世纪的背景下非常引人注目，但技术未来主义的迷思那富有想象力的模式在 19 世纪末和 20 世纪初以规律性和惊人的细节出现。在描绘他们对未来特殊的迷思愿景时，当代超人类主义者和增强支持者经常调整已经存在了一个多世纪的主题。

接下来的几章探讨了每种探索的叙述的历史背景；然而，一些关于技术未来的早期愿景值得我们好好思考，因为它们对后来的技术叙述产生了显著影响。此外，将这些创新愿景放在一起考虑可以为接下来更有针对性的分析建立起知识、社会和叙述背景。为了创建一个易于理解后续评估的知识框架，本章探讨了三个对于构建技术未来愿景极具影响力的前瞻性观点。

本章首先介绍了 19 世纪末活跃于俄罗斯的一位有远见的思想家的工作。俄罗斯宇宙主义的创始人尼古拉·费多罗夫（Nikolai Fedorov）预见到了许多现在已经成为增强和技术未来主义论述特征的原则。然后，我们将讨论法国古生物学家德日进（Teilhard de Chardin）形而上学的未来主义，他对未来技术世界的看法与宇宙主义相一致，并在某些方面受到了宇宙主义的影响。早期精心打造未来言论的案例研究重点介绍了英国科学家和科幻作家亚瑟·C. 克拉克爵士（Sir Arthur C. Clarke）的远见。从本章对以上三位思想家观点的总结中可以看出，当代关于技术超越的叙述同时具有宗教和世俗根源。最后，本章将这三位作家的核心观点与发展中的技术未来主义迷思中的前沿主题进行了比较。

尼古拉·费多罗夫与宇宙主义

俄罗斯自由主义政治理论家亚历山大·尼古拉耶维奇·拉季舍夫（Alexander Nikolaevich Radishchev）18世纪后期的作品讲述了进化中的人类如何利用大自然的神秘力量的叙述。在其1792年的作品《论人、人的死亡和永生》（*Man, His Mortality and Immortality*）中，他设想了人类以奇妙、辉煌、渐进的方式进步，就像那些促成人类现在的进步的方式一样。他写道："比其他都重要的是，这是人的独特品质，他可以完善自己；他也可能变得堕落。这两个方向的极限都仍然未知。"拉季舍夫的文化愿景启发了现代俄罗斯的政治和社会思想，建立了富有想象力的模式，这些模式为19世纪俄罗斯未来主义的显著发展奠定了基础。

哲学家和图书管理员尼古拉·费多罗夫是托尔斯泰的朋友，他对陀思妥耶夫斯基、帕斯捷尔纳克和高尔基有着重要影响，是后来被称为俄罗斯宇宙主义的知识分子运动的核心人物。费多罗夫最著名的是他戏剧性的提议，即开明人类的共同任务是整个人类的技术复兴。尽管费多罗夫在俄罗斯之外并不广为人知，但毫无疑问的是，他是19世纪最令人敬畏的俄罗斯思想家。他是一位执着的未来主义者，声称自己拥有精神灵感，并且一直在思考关于永生、太空探索、海洋殖民和精神优生学等方面的内容。费多罗夫和他的追随者大量借鉴了基督教神话，他们设想在身体和道德方面都完美的永生人类将在宇宙中繁衍生息。

历史学家迈克尔·哈格迈斯特（Michael Hagemeister）将俄罗斯宇宙主义描述为西方几乎没有注意到的当代俄罗斯的一场广泛的思想运动。宇宙主义从1870年左右到20世纪20年代蓬勃发展，最近它被重新发现，其影响也被重新评估。这场运动是基于费多罗夫的宇宙的整体性和以人类为中心的观点进行的。在费多罗夫将宗教视为灭亡之后，宇宙主义者试图重新定义人类在一个缺乏神圣救赎计划的宇宙中的角色。在宇宙主义迷思中，人类被置于宇宙中，是宇宙进化的决定性因素、集体的宇宙自我意识、积极分子和潜在的完美主义者。宇宙依靠人类的行动来达到其完美或完整的目标。

在费多罗夫的启示中，受过科学启蒙的个体承担着有目的地应用技术，以使人类和世界免遭毁灭的任务。在这个神圣的叙述中，人类扮演着救世主的角色，即人类如果没有采取行动，或没有采取正确的行动，世界注定将陷入灾难。在人类进步的过程中，逃避技术对人类进步的激进应用是一种不道德的行为，是对人类既定目标（即宇宙的精神改造）的一种反叛。

宇宙主义者提出了一个渐进式计划，他们认为世界正处于从生物圈（生物物质领域）到智慧圈（理性领域）的过渡阶段。凭借不可侵犯的进化原则，并有意识地借助进步的观点和应用技术，一个统一的世界意识出现了，一个有着神圣秩序的新时代开始了。费多罗夫顿悟（即他将过去与未来联系在一起的愿景）的核心是人类的道德和智力进化；一切都取决于人性的出现。斯蒂芬·卢卡舍维奇（Stephen Lukashevich）写道，费多罗夫思想体系的核心是他关于人类人性进化的心理学理论。而心理优生学（适应发展人类智力的选择性育种）将加速这一不可避免且必不可少的过程。

太空殖民也是宇宙主义中一个重要的组成部分，这是人类迈向完美永生的复活过程中不可避免的一步。在费多罗夫影响广泛的星际迷思中，地球变成了一艘巨大的宇宙飞船，旨在将远征的人类运送到宇宙的尽头，以完成改造宇宙的使命。卢卡舍维奇写道：“为此，人类必须直接或间接地利用地球的电磁力，将地球改造成宇宙飞船。”复活的人类注定要居住在每一个星球上，从而使所有物质人性化和合理化，并以这种方式将充满活力的精神宇宙从无生命的物质混乱中带出来。

费多罗夫全神贯注于技术的普遍复兴。人类天生就比其他动物更弱小，一直凭借他们的聪明才智生存和发展。乔治·M.杨（George M. Young）写道，宇宙主义大师的伟大主题是内在的普遍复活，死者完全和真实地复活，这是一项需要通过人类的聪明才智和努力来完成的任务或计划。费多罗夫认为，普遍复活不仅仅是一种科学上的可能性，更是一种道德责任。杨补充道：

> 当时在费多罗夫的计划中，最受嘲笑的部分包括他对太空旅行、基因工程和逐步延长人类生命和健康，直至最终实现永生的呼吁。这是在地球上重建天堂这一古老梦想最真实的版本。

费多罗夫的信念也揭示了宇宙主义的理想，即人类的努力如果得到正确的引导，实际上就会用隐藏的现实取代当前可见的现实，而每个人都将参与替换。用即将到来的更宏伟的现实来取代当今世界的迷思需要让祖先复活，这将是一项所有活着的人类都将参与的活动。宗教和科学的融合作为伟大和最终的复活，为宗教预言和科学力量提供了终极见证。杨写道："那些现在甚至完全不知道更高现实的可能性的人将不是通过理智的说服，而是通过复活他们祖先的亲身经历来意识到这一点。"

复活看似一个非凡的成就，却也只是人类进步的一小步。在宇宙主义迷思中，人类进化为一种集体的宇宙自我意识，即我们最终的完美或完整。随着迷思让位于理性，人类身体和精神上的进步成为一种具有实用意义的道德义务。一种行星意识将出现；改变和完善宇宙、战胜疾病和死亡的努力将继续，直到最终产生永生的人类。

这些不仅仅是技术目标，每一个都代表了对隐藏原则的超越。哈格迈斯特指出，宇宙主义对科学技术和无所不能的信念源于（神秘）知识的魔力的观点。他补充说："自我完善和自我神化的思想包括实现永生和死者复活，它有着悠久的隐秘和诺斯替主义传统。"宇宙主义迷思植根于早期的迷思体系，并因无限技术力量的愿景而重新焕发活力。

费多罗夫的迷思愿景影响了早期的俄罗斯太空探索支持者，包括著名的火箭先驱康斯坦丁·齐奥尔科夫斯基（Konstantin Tsiolkovsky）。齐奥尔科夫斯基写了多部极具影响力的虚构和非虚构作品，描绘了太空中的人类。他的《利用反应装置探索宇宙空间》（*The Exploration of Cosmic Space by Means of Reactive Devices*）是第一部科学、完整地介绍太空飞行甚至航天器的作品。齐奥尔科夫斯基提出了将永生与太空探索联系起来的观点，即宇宙中充满了有活力的原子，这些原子将有助于共同工作。

弗拉基米尔·维尔纳斯基（Vladimir Vernadsky）也是一位著名的宇宙主义者。他可能是第一个提出"智慧圈"这一概念的作家。维尔纳斯基设想将地球上所有的思想都联系起来，以创造一种不断进化的神一般的智能。一些宇宙主义者也同意诺斯替主义者将地球视为监狱的观点，但他们相信可以利用宇宙的力量和能量来结束地球的囚禁并战胜死亡。在这里，我们又一次遇到了宇宙主义者将太空和永生联系起来的观点。

卢卡舍维奇称，费多罗夫承认他的意识形态本质上是对基督教神学的科学诠释。通过使物质合理化来改变物质世界应验了基督教的预言。每个人都能够，而且也有义务，将包括他自己在内的一切自然的（因此是短暂的）事物转化为理性、短暂的综合性创造。通过合理化，混沌的物理宇宙变成了一个有序且完善的宇宙。人类对太空的征服延伸了这一工作；人类的行为不仅关乎他们自身的解脱，而且关乎整个宇宙的救赎与完善。

超人类主义者和人工智能专家本·戈泽尔检索了 19 世纪宇宙主义的语言和哲学。他写道：

> 宇宙主义提供了一种世界观和价值体系，这种世界观和价值体系对

当今的人类世界是有意义的，并将随着现实世界的进步而继续有意义，即使我们中的一些人抛弃了人类的身体和大脑，去探索存在和互动的新方式。

变革性技术带来了深刻的哲学含义，其中许多是宇宙主义者所期望的。要想了解技术将如何改变我们，就需要深入了解思想和宇宙的本质。人类本身将必须被重新想象；宇宙主义迷思为人类新的逻各斯奠定了基础。因此，宇宙主义者维尔纳斯基所设想的即将出现的智慧圈，需要以一种超越我们通常使用的模式的方式重新思考思想和社会的本质。

在基因工程、纳米技术、人工智能或太空飞行出现之前，宇宙主义的领袖人物就写下了他们设想的未来所必需的技术。他们的任务是叙述，是精心打造一个能够将原始技术世界与先进技术未来联系起来的迷思。未来的宇宙主义言论将继续对技术未来主义的话语产生非凡的塑造影响。

德日进与宇宙目标

法国古生物学家和地质学家德日进进一步发展了技术改造人类的愿景。一直备受争议且常常被人误解的德日进是 20 世纪将科学与宗教相结合的伟大思想家之一。他的思想被天主教会视为非正统的，特别是他将原罪理解为宇宙混沌。因此，他在 20 世纪二三十年代创作的几部作品直到 20 世纪 50 年代中期他去世后才得以出版。

法国哲学家亨利·柏格森（Henri Bergson）的《创造进化论》（*Creative Evolution*）是一部探讨进化论的形而上学意义的著作，它比查尔斯·达尔文

（Charles Darwin）更深刻地影响了德日进的思想。在中国进行地质考察时，德日进发展了一种精神进化论，并将其应用于整个物质领域。在《人的未来》（*The Future of Man*）和《人的现象》（*The Phenomenon of Man*）等著作中，德日进围绕一个宏大且统一的原则精心打造了他的迷思：混沌之外，进化正在无情地将所有物质推向宇宙意识的有序状态。德日进将他的启示称为"终点"。

在德日进的愿景中，进化构成了宇宙的核心作用力，这是所有其他理论、所有假设和所有系统都必须服从的一般条件，而且如果它们今后想要被视为可行的、真实的，就必须满足这个条件。进化是顿悟，是物质世界和精神世界的结合，是照亮所有事实的光，是所有路径都必须遵循的曲线。通过进化，宇宙从惰性的物质发展到有生命的自我意识。这就是宇宙起源，德日进关于物质向纯粹意识进化的启示的观点。用弗莱的话说，整个宇宙将构成一个无限且永恒的生命体。

物质体现着永不休止的能量和寻求更高层次的组织的内在智慧；物理则在寻求宇宙存在的复杂性以及不断上升的秩序。德日进提出了一个复杂性／意识法则，即每个新的、更复杂的秩序网络都是从之前的网络或包络中分离出来的。因此，生物圈作为地球上生物生命相互关联的包络，正在让位于相互关联的思想的包络，即智慧圈。在这个新出现的神秘现实中，人类的思想成了自然的容器。

智慧圈是一种有意的技术成就，而不是一种新出现的进化事件；这也是迈向纯粹的宇宙意识并因此迈向永生的有目的的一步。死亡将被技术的扩展意识战胜。德日进写道：

> 正如它们在实证主义信条中所表达的那样，所有形式的进步信念的根本缺陷在于，它们并没有绝对消除死亡。如果这个焦点总有一天会瓦

解，那么在进化的过程中发现任何一种焦点又有什么用呢？

人类在宇宙起源中扮演着至关重要的角色，即我们的技术使全球范围内的思想更加紧密地联系在一起，而这也是普遍意识的开始。根据叙述，这种相互联系中出现了一种包络思想。德日进设想了一种相当于某种超意识的和谐的集体意识。个体意识正在汇聚，并形成合力：

> 这个想法是，地球不仅被无数的思想微粒所覆盖，而且被封闭在一个单一的思想包络中，从而在功能上形成一个单一巨大的思想微粒。多个单独的反思将集合在一起，并在一个一致的反思行为中相互加强。

1924年，德日进在巴黎参加了一系列讲座，维尔纳斯基在演讲中描述了智慧圈，而这也成了德日进愿景的核心。然而，智慧圈并不是自动产生的。信徒们必须传播一种支持积极的技术研究的全球理想。实现这一愿景将需要一种所有善意人士都同意的共同哲学，以便世界能够继续进步。智慧圈的迷思引领并宣告了一种全球哲学的逻各斯——一种建立在进化这一伟大事实基础之上的新宗教，它源于普遍真理的核心，并被所有人接受。德日进问道："如果没有智慧圈，还会有真正的精神进化吗？"

德日进的愿景将生物、机械和精神世界联系在一起；渐进式进化将涉及人类与机器和道德优生学的融合。他在其作品中写道："我们怎么会看不到机器在创造真正的集体意识方面发挥的建设性作用呢？"增强进化将加速在精神方面完美的人类的到来。他还写道："到目前为止，我们确实允许我们的种族随机发展，并且很少考虑如果我们抑制自然选择的原始力量，哪些医学和道德因素必须取代自然选择的原始力量。然而，在未来的几个世纪，以符合人格的标准去追求高尚的人类形式的优生学将变得不可或缺。"生物技术和道德进化技术将塑造个人和社会。

亚瑟·克拉克爵士与机器时代

科学家和作家亚瑟·克拉克爵士是最受尊敬和最具影响力的科幻小说作家之一，他的创作生涯跨越了 50 多年。克拉克最早的小说，如《不让夜幕降临》（*Against the Fall of Night*）、《前哨》（*Sentinel*）和《童年的终结》（*Childhood's End*）为科幻小说类型设定了高标准的科学完备性和扎实的叙述性。然而，克拉克如今最为人所知的是他与导演斯坦利·库布里克（Stanley Kubric）共同为电影《2001 太空漫游》（*2001: A Space Odyssey*）创作的划时代的剧本，这部电影被许多评论家认为是有史以来最好的电影之一。

然而，在本章中，一部杰出的非虚构类作品引起了我们的注意。克拉克的《未来的轮廓》（*Profiles of the Future*）预见了当代技术未来主义叙述的许多特征。他提出了一个令人惊叹的技术文化愿景，将《未来的轮廓》描绘成对维柯的幻想的延伸——想象人类世界的预见力。克拉克的这本书收录了他于 1959—1961 年发表在流行杂志上的一系列文章。与费多罗夫和德日进不同，克拉克并没有重塑被他否认的基督教神话的元素。《未来的轮廓》一书的内容可以被视为对 20 世纪下半叶可能发生的技术发展的一系列预测。然而，这本书被更多地视为一个关于技术变革未来的相对较早且高度复杂的唯物主义迷思。

克拉克的叙述向外展开，预言了一个新的人类和一个新的世界。我们将乘坐太空飞船周游世界，但更重要的是，我们将减少对身体的依赖。克拉克声称死亡在生物学上似乎并不是不可避免的，这暗示了一个新人类利用技术来指导其自身永生的迷思愿景。克拉克在其对完美未来的愿景中考虑了形而上学的问题；永生可以通过置换身体的方式来实现，而置换的不必是另一个血肉之躯，也可能是一台机器，这可能代表着进化的下一个阶段。技术进步可能引发伦理问题，如永生的机器身体可能会引起社会分裂：

> 人们可以想象这样一个时代，那些仍然居住在有机体中的人将被那些已经过渡到一种无限丰富的生存模式的人所怜悯，后者能够将他们的意识或注意力瞬间投向陆地、海洋或天空中任何有合适的感应器官的地方。

他的洞察是如此深刻，以至于克拉克的未来主义迷思几乎没有预料到对技术未来主义话语的渴望，他在写作中只是进行了模糊的想象。一个特别突出的例子是他的范式转换建议，即计算机时代的人类意识将被重新分类为信息，因此能够通过各种方式上传和存储。他认为，人类就像任何其他物体一样，是由其结构（即模式）来定义的；虽然人类的模式极其复杂，但大自然曾经能够将这种模式打包成一个小到无法用肉眼看到的细胞；作为信息，人类可能会以机器或其他形式被电子化地存储甚至复制。

自 20 世纪 50 年代以来，克拉克关于信息人（informational person）的愿景就出现在他的作品中。例如，他在《城市与群星》（*The City and the Star*）中写道：

> 存储信息的方式并不重要；重要的是信息本身。它可能以纸上的文字、不同的磁场或电荷的形式出现……可以说，很久以前，他们（人类）能够存储自己，或者更准确地说，它们可以从这些脱离身体的模式中被唤回到存在……这就是我们的祖先留给我们的虚拟永生的方式，同时又避免了废除死亡所带来的问题。

用玛丽·米奇利的话来说，克拉克的未来迷思提供了新的富有想象力的模式，它是一个思考人类的新母体，暗示了一系列原本无法想象的可能性。

克拉克和德日进一样，也认识到进化对技术未来愿景的重要作用，而且他还领会到了一个互补的观念，即人类将利用技术来指导他们的进化。然而，克拉克并不是一位宗教幻想家，也没有试图通过神圣的人类来寻求救赎。他在其关于全面技术革命的叙述中预见到了真正的风险，其中最主要的是对智能机器可能会终结人类时代的担忧：

> 猿人发明的工具使它们进化成了后来的智人。我们发明的工具是我们的继任者。生物进化已经让位于一个更快的进程——技术进化。坦率地说，机器将接管一切。

克拉克对太空探索的兴趣因他的多部小说以及他与斯坦利·库布里克合作的电影《2001 太空漫游》而广为人知。对克拉克而言，太空是技术进化的催化剂。他认为，机械智能（而非有机智能）进化的最大单一刺激因素是对太空的挑战。人类智能的发展需要太空探索的挑战。很可能只有在太空中，面对比地球上任何环境都更恶劣和复杂的环境，智能才能发挥其最大的作用。同样，伦理问题困扰着伟大的进步。他说："也许天才会去往太空，抛弃旧地球上那些不那么有才华的人。和其他特质一样，智力也是在斗争和冲突中发展起来的；在未来的岁月里，愚蠢的人可能会继续留在平静的地球上，而真正的天才只会在太空中——这个属于机器而非血肉之躯的领域——茁壮成长。"

在克拉克的迷思中，人类正在进化为一种机械的存在，这个过程始于与我们的机器融合。最终，我们将自己从身体中解脱出来，成为纯粹的意识，在机器之间自由漫游，穿越海洋、天空和太空的所有范围。在这个神秘的启示中，人类不再存在于自然界中，而是使自然界屈从于人类的意志。弗莱指出，在一个神秘的迷思中，自然不再是人类的容器，而是人类成为自然的容器。这样的愿景揭示了人类宇宙的形式。

尽管克拉克有自己的一些担忧，但他还是向读者保证，在这样的未来，他们没有什么可遗憾的，当然也没有什么可害怕的；不应为失去传统人类的某些属性（如具身性、无法永生、生命有限性）感到遗憾。尼采预言了我们的过渡角色，他说："人，是一条拉在动物和超人之间的绳索——一条跨越深渊的绳索。这将是一个崇高的目标。"克拉克在重申德日进发现的主题时断言，现在的人类仅是进化进程中一个非常早期的阶段，注定在宇宙中留不下什么印迹。

克拉克还设想，未来将带来通过无线电或激光（相干光）光束与外星智慧生物建立联系的可能性。此外，他认为，如果有足够的时间，理性的人类可能将获得操纵行星、恒星，甚至星系本身的能力。在技术的未来，与宇宙神灵和神力的接触正等待着人类。亚瑟·克拉克爵士的未来迷思设想了人类向着无形和全能的完美的无限进步。

结语

虽然可能还有许多 19 世纪末和 20 世纪初的其他未来主义思想家的观点值得讨论和分析，但以上三位的观点对后来的技术未来主义思想产生了特别强烈的影响。通过探讨，我们可以识别出技术未来迷思的几个关键要素，特别是永生、带来道德和身体的完美的渐进式进化以及太空殖民。

在宇宙主义者费多罗夫看来，人的目的是自由，即自我创造，因为只有自我创造的存在才能真正自由。斯蒂芬·卢卡舍维奇写道："从整体上看，费多罗夫的思想体系代表了人类进化的壮丽诗篇。"费多罗夫强调人类"人性"的发展，当这种品质达到顶峰时，人类将实现集体神性。太空殖民推进了这个目标：宇宙将被精神化的人类改造，殖民反过来成了一个促进人类道德进化的实验室。

费多罗夫对未来的愿景是围绕着他对普遍复活这一共同任务的关注而发展的。个体的技术重建和复活是迈向永生人类的一步，有力地证明了人类有能力支配或控制自然。在寻找所有先前存在的人类的遗迹时发现了亚当（即"原父"）和伊甸园，这朝着恢复神性、永生和天堂迈进了一步。定向进化和精神优生学将恢复人类的道德完美。费多罗夫的叙述深深植根于关于创造、堕落和救赎的迷思。

一旦重生，一个永生且道德完美的人类将殖民整个宇宙并将其人性化，使物质和混沌变得理性和有序。太空为人类变革提供了环境，是人类在神圣的顿悟中被改变的神圣之地。费多罗夫的弟子齐奥尔科夫斯基将其老师关于人类宇宙飞行的叙述翻译成了第一部关于火箭科学的论文集。他关于多级火箭的想法为苏联和美国的太空计划奠定了基础。齐奥尔科夫斯基和费多罗夫都承认太空殖民将带来人类的永生和道德完美。

在费多罗夫寻找"原父"时，德日进在寻找宇宙之子。物质混沌正在被进化引擎转化为精神宇宙。人类和他们的机器一起进化，产生了一个全球性的思想网络，即一个包围着地球的智慧圈。德日进和许多宇宙主义者一样，将进化视为一个产生秩序和复杂性的有目的的原则，将生物世界与技术和精神无情地融合在一起。在人们开始了解基因作用的时候，德日进写道："我们似乎正处于身体甚至大脑发育的前夕。随着基因的发现，我们似乎很快就能控制有机遗传的机制。"人类正处于控制其身体和道德进化的边缘。

在计算机时代和控制论的早期，亚瑟·克拉克爵士曾设想通过与机器融合来实现永生。在即将到来的机器时代，个体将不再是意识轨迹，而是信息模式。信息人最终会完全放弃物理领域，这是一种将自然界合理化或精神化的说法，与费多罗夫和德日进所设想的没什么不同。这种从物质到数据的转变为意识和其他形式的人格转移和存储开辟了道路，也是通过将意识下载到机器来预测永生的关键组成部分。作为一名卫星科学家，克拉克的观点很少远离太空。对克拉克和费多罗夫而言，征服太空是人类智力进一步进化的必要动力。太空是顿悟的变革场所：人类将进入进化发展的新阶段，而且也许会得到在这条路上走得更远的生命的帮助。

在接下来的几章中，我们将更详细地探讨技术未来主义迷思中的重要主题，包括引导进化、技术不朽、机器智能和太空殖民。接下来的两章将探讨作为技术变革愿景基础的叙述。第一个是进步的迷思，它已经从一个社会进步的叙述发展成一个技术战胜人类弱点和局限的叙述。第二个是进化的叙述，它是推动自然和技术走向人类完美和宇宙变革的动力来源。有了增强和超人类主义愿景这两个组成部分，我们就可以研究技术超越的叙述的上层结构了。

进步、必然性、奇点

相信进步源自坚信科学将无所不能。

玛丽·米奇利

奇点表示将发生在物质世界中的事件，这是进化过程中不可避免的下一步。进化过程始于生物进化，并通过人类指导的技术进化而延伸。

雷·库兹韦尔

自从我们知道了如何取火，技术就一直是人类梦想未来的方式。如果说 15 万年的进化是有意义的，那就是我们对未来的憧憬。

彼得·戴曼迪斯和史蒂芬·科特勒
(Steven Kotler)

据估计，到 2045 年，互联网的速度将比现在快 10 000 亿倍。这种对技术进步的惊人预测已变得司空见惯，以至于它们几乎无法引起对技术感到厌倦的公众的反应。每一份关于医学研究取得突破性进展或计算机运行速度获得令人难以置信的进步的报告，都进一步增强了我们对更广泛接受的进步叙述的信心。

伯特兰·罗素（Bertrand Russell）在他 1961 年的作品《人类有未来吗》（*Has Man a Future*）中捕捉到了进步的迷思力量。物理学家弗里曼·戴森（Freeman Dyson）与罗素一样，对不可阻挡的变革性进步充满信心。他说："600 年的时间足以解决我们这个时代的社会问题，足以忘记国家和种族之间的分争历史，足以熄灭人类个性的火花。在那段时间里，我们将实现永久和平与大多数人拥有最大幸福的古老梦想。技术将我们从恐惧、匮乏、疾病、不适、不公正甚至死亡中解脱出来。进步将战胜历史的破坏性力量和野蛮本性的顽固障碍。"

进步迷思假设人类思维与技术相互作用的结果必然会带来改进，这种相互作用是由好奇心和需求引起的。随着时间的推移，尽管会遇到挫折，但对技术的刻意使用肯定会改善人类的状况。从一开始，这就是增强叙述的核心。例如，超人类主义创始人马克斯·莫尔将"永续进步"作为外熵（extropy，超人类主义早期哲学的名字）的根本。他写道："外熵意味着寻求更多的智能、智慧和效率、无限的寿命，以及消除政治、文化、生物和心理对持续发展的限制。通过不断克服阻碍我们进步以及作为个人、组织或物种的可能性的限制，我们将继续朝着健康的方向不受约束地成长。"

几个世纪以来，这种推进知识解决人类迫切需求的愿景塑造了西方的想象力。尽管 20 世纪的暴行严重挑战了对进步的必然性的信念，但人们对更美好未来的希望不仅持续存在，而且从似乎无国界、惊人的技术发展中获得了新的生命。增强倡导者更新并增强了进步叙述，为其提供了存在论 – 本体论的力量。

乔尔·加罗在基督教的时间观中定位了现代进步观念的基础，他认为，尽管早期的异教教义给出了时间的周期性描述，但基督教假定了历史的目的论方向和进步的可能性。这种对进步的信念是现代科学与生俱来的，它与技术结合在一起，使工业革命成为可能。他还补充说："这就是一个得到了利用自然的许可的文明获得了控制自然的力量。"

本章探讨了技术未来主义话语中出现的关于进步叙述的最新观点。这些迷思挑战了这样一种观点，即进步是人类用来改善人类状况的创造力。一个新的进步迷思将进步置于独立和有目的的力量中，这种力量在很大程度上超出了人类的控制。这些叙述试图将人类和技术领域结合起来，以描述一个有序、自我导向的宇宙，以及人类在该秩序中的位置。本章首先简要介绍了进步的概念，然后探讨了关于技术必然性的迷思，这也是关于进步叙述的加强版。我们接下来将探讨进步迷思中的有影响力的发展，包括凯文·凯利提出的技术元素（technium）的概念和雷·库兹韦尔的奇点愿景，以及这些发展如何表明传统的进步论述已经让位于强大的迷思，这些迷思将进步和复杂性的推动力定位于物质宇宙本身，而不是人类。

我还将讨论必然性及其相关叙述如何在人类增强的言论中发挥战略作用。技术未来主义者认为，有目的的技术进步是一种启示力，它不能也不应该被阻拦。此外，随着技术进步的加速（这也是技术未来主义的信条），进步不再被理解为一种趋势或轨迹，而是一种旨在改变宇宙的生机勃勃的力量。在这个过程中，一种进步的精神正在创造我们。风险和独立且自我验证的真理正在推动着迷思的创造过程。这种将进步的力量视为独立于人类且不可阻挡的力量的言论将所有批判技术未来主义的人都置于愚昧主义者的范畴，认为他们是美好的技术未来的反对者，也是人类的敌人。

对进步的探索

自文艺复兴后期以来，公众对进步的叙述一直在稳步发展，但并非可预测的。在西方思想中，进步的概念一直是一些复杂、令人好奇和敬畏的不同观点的集合，如实证研究、精神进步、未来和进化论。在这种奇怪的组合中出现了一种被广泛接受的、关于稳健的和变革性技术发展的迷思。作为本章其余部分的背景信息，以下几个突出的发展值得一提。

弗朗西斯·培根在其著作《新大西岛》中将技术研究视为进步。在他虚构的本萨利姆岛上，复杂的技术源于充满好奇心的调查人员不受约束的工作。在所罗门之家（House of Solomon）这个巨大的研究中心，空中旅行和潜艇旅行的实验以及许多其他项目都正在进行。一个多世纪后，戏剧家路易斯－塞巴斯蒂安·梅西耶（Louis-Sebastien Mercier）视未来为进步的适当领域。在他于 1770 年发表的小说《2440 年：一个似有若无的梦》（*The Year 2440：A Dream If Ever There Was One*）中，他设想 25 世纪的巴黎以一系列社会进步为特征，如高效的医院以及消除了贫困。这本书共卖出了 60 000 多册，发行了 25 版，并被翻译成多种语言。该书也是第一部将进步的必然性与未来的概念联系起来的技术乌托邦小说。

在不断发展的进步叙述中，另一个标志性发展是奥古斯特·孔德
（Auguste Comte）将进步与精神发展结合起来，创立了一种科学的"人类宗
教"。他认为，如果人类在困境中认真运用理性，就会产生宗教空想的精神
上的突破，即和平、自由和正义。这些不可阻挡的进步发生在可预测的历史
阶段，每个阶段都代表着理性和精神上的进步。人类会从最初的神学阶段进
入形而上学，而在这个过程中，宗教将让位于理性的哲学。人类进步的最后
阶段是实证主义，只有科学的解释才被视为理性。科学的进步叙述取代了古
老的宗教迷思，即科学是未来的宗教。事实上，孔德的教堂在英国伦敦和其
他城市如雨后春笋般出现，他本人偶尔也会布道，并主持婚礼和葬礼。

达尔文于 1859 年出版的《物种起源》（*On the Origin of the Species*）促
使作家塞缪尔·巴特勒（Samuel Butler）将进化想象成不可侵犯的进步力
量。在他的黑暗愿景中，进化的进程将最终体现在取代人类的智能机器的
竞赛中。尽管他的短篇小说《机器中的达尔文主义》（*Darwin Among the
Machines*）的基调是反乌托邦的（即进步意味着人类的终结），但该书是对进
步的一种重要且富有想象力的处理，预测了这个概念在 20 世纪和 21 世纪的
发展轨迹。

英国科学家 J.B.S. 霍尔丹（J. B. S. Haldane）是 20 世纪早期的作家之
一。当时，这些作家试图在挽回进步的同时，保持进步的技术性、未来性、
精神性和进化性的特征。早期的思想家指出了方向。霍尔丹在《可能世界》
（*Possible World*）中写道："勒南（Renan）认为，科学将发展到如此地步，
以至于我们的后人将能够完整地重建过去，最终使他们的意识与我们自己的
意识建立一种联系，从而实现正义的复活。"他还认为，技术为和平、健康
和社会平等的进步提供了实质性的标志。他提倡太空殖民、为新生儿进行基
因记录以及应用技术辅助人类进化。

在霍尔丹和其他 20 世纪早期的作家笔下，进步的概念发生了转变。保罗·利科称迷思是对前所未有的世界的揭示，打开了通往其他可能世界的大门，这些世界超越了我们现实世界的既定界限。霍尔丹的叙述设想了人类不仅会变得更好，而且会进化成一个超级有机体。他补充说，人类的物质进步将继续下去，直到我们实现了对宇宙中的每一个原子和每一个辐射量子完全有意识的控制。他还预见了一种从不受约束的科学探究中产生的新的精神秩序。他认为，（人类的）智力和精神进步也许是没有任何限制的。在他的作品《代达罗斯，还是科学与未来》（*Daedalus，or Science and the Future*）中，技术完成了宗教所没能完成的任务，即通过外生（ectogenesis）或在人造子宫中培育胎儿等激进技术来改造人类。而对那个时代的另一位著名生物学家朱利安·索雷尔·赫胥黎（Julian Sorell Huxley）而言，生物进步只有在它证实了对人类进步的信念时才是重要的。

20 世纪其他进步的拥护者也加入了他们创新的行列。对萧伯纳（George Bernard Shaw）而言，技术是由一种内在的力量或精神推动的。在他题为《新神学》（*The New Theology*）的演讲中，萧伯纳设想了：

> 一种创造上帝的力量，通过我们努力成为一个真正有组织的存在，人类享受着对许多人而言是最大的狂喜——大脑的狂喜。这是一种真正能意识到整体的智慧，并具有能够引导它达到完美和和谐目的的执行力。这正是我们努力的方向。

萧伯纳认为，那些拥有这种愿景的人和那些认识到这种力量的目的的人都将协助它的工作。他说："我成为这个神的一部分，正如我为宇宙的目的而努力，为全社会和全世界的利益而努力，而不仅仅是顾及我个人的目的。"在萧伯纳的观念中，进步的力量已经转移；以前是出于人类的好奇心，而现在已经内化在宇宙中，即进步是宇宙的目的，而不是人类的目的。

对德日进而言，进步不仅意味着技术的日益强大，而且意味着意识的持续进化。进化的进步是朝着统一星球的精神上的进步，是一种能够使人类分化的信念。他认为，最终将现代人类分成两个阵营的不是阶级，而是思想态度。

一方面，有些人只是希望将世界变成一个舒适的居所；另一方面，有些人将世界视为一个正在进步的机器或一个正在进步的有机体。一方面在本质上是"资产阶级精神"，另一方面是真正的"地球劳动者"。一方面是被抛弃的个体，另一方面是统治宇宙的动因和要素。

必然性

进步是 20 世纪上半叶流行文化的主题之一，它总是与一些对未来的愿景联系在一起。1939 年纽约世界博览会等公众盛会帮助美国人体验了日新月异的技术进步，其中最具吸引力的是通用汽车公司的未来世界展。此次展览的特色是一根 700 英尺①高的太空针，顶部是一个直径为 200 英尺的圆球。参观者可以按下按钮并宣布："我已经看到了未来。"1955 年，迪士尼乐园的明日世界乐园向公众开放。这是一个关于未来的视觉展示，为成千上万的参观者展示了不可避免的物质进步。这种三维叙述将进步等同于技术乌托邦。20 世纪下半叶流行的电视节目 [如记者沃尔特·克朗凯特（Walter Cronkite）

---

① 1 英尺 = 0.3048 米。——译者注

的系列剧《二十一世纪》（*The Twenty-First Century*）］强化了由不可阻挡的、身体的解放和道德的进步所定义的未来迷思。

20 世纪后期，在小说和非小说叙述中，人们对技术不断改善人类状况（通常以消费产品的形式）的信心让位于全面而确定的进步观念。强大的技术将注定被更多地应用于日常生活（无论是私人的还是公众的）。此外，进步带来的不仅仅是生活中更多的闲暇和更少的痛苦。在彼得·戴曼迪斯和史蒂芬·科特勒于 2012 年出版的《富足：改变人类未来的四大力量》（*Abundance: The Future Is Better Than You Think*）一书中，他们将技术必然性的叙述植根于人类对更美好未来的长期希冀和幻想中：

> 还有一些人类心理层面的原因导致人类几乎不可能阻止技术的传播——具体来说，你如何压制希望？自从我们知道了如何取火，技术就一直是人类梦想未来的方式。如果说 15 万年的进化有什么意义的话，那就是我们对未来的憧憬。人们有一个根本愿望，那就是让自己和家人过上更好的生活；技术通常是我们实现这一目标的方式。

必然性叙述设想技术会发展出一种社会动力，以确保它们被接受和完善。人们对无止境的技术进步所带来的风险的顾虑是无关紧要的，因为不管今天我们在哪里划出一条防线，明天这些顾虑都将被更大胆且有用的技术消除。所谓的"预防原则"，即那些引入新技术的人有责任证明这些技术的好处和安全性，其实是一个无关紧要的细节。这种叙述表明，尽管存在风险规避的疑虑，但变革性的技术进步仍将出现；对新技术的反对终将被战胜和遗忘。我们必须积极而勇敢地追求进步，以免墨守现状，并阻碍新技术带来的解放前景。

必然性叙述的倡导者指出，从汽车到个人电脑，从心脏移植到干细胞疗法，它们最初都被视为陌生和危险的变革性技术。尽管技术进步的好处显而易见，但一些公众会本能地反对新生的和不熟悉的事物。无论如何，历史都告诉我们，接受总是在最初的保守之后。1966 年，医生索菲亚·克里格曼（Sophia Kleegman）和舍温·考夫曼（Sherwin Kaufman）在回应人们对辅助生殖的担忧时，提出了一个经常被引述的叙述版本。新技术引发的情感轨迹在"恐惧"与"接受"之间形成一条弧线：

> 在这个充满情感因素的领域，习惯和做法的任何改变总是首先引起既定习俗和法律的否定，然后是毫无恐惧的否定，之后是缓慢而渐进的好奇、研究和评估，最后是非常缓慢但稳定的接受。

历史和未来都与进步站在同一边，进步的必然性甚至也适用于我们为提高自己而做出的努力。哲学家尼古拉斯·阿加尔（Nicholas Agar）认为："尽管我们还无法预测出我们最终将通过哪种方式提高人类的能力，但一个合理的预测是，在未来的某个世纪，生物科技专家将研发出能够安全地增强人类属性的技术。"阿加尔同时还肯定了优生学的必然性，即自由优生将为准父母提供使用增强技术来选择其子女的特征的有限特权。技术必然性的叙述暗示了未来的怀孕过程将包含增强咨询程序。

凯文·凯利的技术元素

现在再讨论进步的必然性显然已经过时了，相应的迷思也已开始进化。必然性已不再是能够说明进步力量的充分原则。科学作家、《连线》（*Wired*）杂志联合创始人凯文·凯利在其 2010 年的著作《科技想要什么》（*What Technology Wants*）中对技术进步进行了一种创造性的形而上学论证。凯利认为，科技被视为 8000 年来发展的累积现象，类似于一个拥有着自己欲望的有机体。技术元素（即随着时间的推移而发展的全球技术体系，包括法律、艺术和物理工具）具有内在的组织原则，这在追求其目标的过程中是不可否认的。技术是进化的产物，但即使是这种强大的力量，也是由某种更深层和更神秘的东西所驱动的。技术元素有一种神秘的特质，它揭示了一种先于生命的有目的的活力的存在。技术需要某些东西，并将继续朝着它的目标前进。凯利补充了必然性的观点，他认为在技术进步中起作用的不仅仅是人类的好奇心和创造力。

凯利的论点是复杂的，这些论点是建立在他广泛的研究和他对技术领域的深入了解之上的。凯利指出，大型技术系统通常表现得像一个非常原始的有机体。他还观察到网络，特别是电子网络，会表现出近乎生物的行为。他认为这些系统会模仿自然系统。凯利总结说："技术和生命一定共享着一些基本的本质。"信息，而不是物质定义了生命。他说："无论你如何定义生命，其本质都并不存在于 DNA、组织或肉体等物质形式中，而是存在于这些物质形式所包含的能量和信息的无形组织中。"生命和技术都源于信息的非物质流。精神河流的隐喻暗示了同质性的顿悟：生物和技术是基本现实的一种不同表现形式，是永恒的宇宙信息流。

弗莱的顿悟概念是凯利技术元素迷思中的一个核心特征。正如第 2 章所述，在顿悟中，矛盾所存在的领域是统一并和谐的。凯利的叙述在技术元素的进化和生物生命的进化之间架起了一道桥梁。他写道，技术元素是一个自我增强的创造系统，它在早期的某个阶段开始行使一些自主权。作为人类思想的产物，技术元素可以被认为是生命的产物，更进一步讲，它也是最初导致生命存在的物理和化学自组织的产物。技术元素不仅与人类的思想，而且与古代生命和其他自组织系统有着深刻的共同根源。技术元素是一个有目的的主角；它有自己的需求，并且想要自己解决问题，就像大多数大型、深度互联的系统一样，可以自己组装成层次结构。凯利在一篇令人震惊的文章中断言，作为一个任性的实体，技术元素现在已经和大自然一样，在我们的世界中发挥着巨大的作用。这种不可阻挡的力量在人类世界发挥着非凡的影响力。然而，我们不必担心要屈服于技术元素，因为我们可以学习与这种力量合作，而不是对抗它。凯利写道，我们应该练习倾听技术想要什么，以理解其更深层的目的。

我们可能会认为技术是我们自己的发明，它源于人类的好奇心和勤奋，从物质上满足人类的需求。然而，当我们将技术视为跨越漫长时代的聚合现象时，情况并非如此。从这个角度看，技术元素是一种进化的生命。而且，作为一种进化中的生命形态，技术元素正在向着非物质性的方向稳步迈进。技术正在成为一种力量，一种或推动我们前进，或对抗我们的重要精神。技术元素具有精神特质，因为它的叙述变成了扩展宇宙活动的叙述。技术元素与德日进的智慧圈类似，它像是一张由学习和自组织信息组成的厚毯子，包裹着地球。

在凯利对进步迷思史诗般的重新构想中，技术元素现在是宇宙这一部分中最主要的力量。人性本身就是由它塑造的。凯利意识到，有些人也许会回应说，技术破坏了与生俱来的神圣人性，只有在严格的道德警戒中将技术控制在最低限度，它才能被控制住。遵循着技术元素叙述的轨迹，凯利回答说情况恰恰相反，因为人性是可塑的。人类经常改变他们的本性，并将继续这样做。

到目前为止，进步一直是人类思想的产物，但现在这些思想必须屈服于更强大的力量。这种对进步的叙述表明，人类将学会信任机器智能来解决我们一直面临的问题。进步和必然性被纳入启示的人工智能（apocalyptic artificial intelligence）的迷思愿景中，即可能不再需要人类创造者的人工智能。生命遵循着预定的进化过程；我们辨别出进化的目标，并帮助它来实现这些目标。技术元素的固有方向由物质和能量的本质决定，某些非迷思倾向是技术所固有的，这使得技术元素的特征不可避免。人们可能很容易认为凯利的愿景带有迷思色彩。然而，他并不希望自己被视为一个迷思主义者。尽管如此，他对进步的迷思般描述仍然使大自然充满魅力，并将形而上学的意义引入生物学和技术世界。凯利强调，技术元素不是一种超自然力量，而是类似于进化的原理。这个原理在 DNA 中发挥了作用，就像在文化、技术、进化的宇宙和人类的思想中一样。古老的进步叙述正逐渐让位于创造秩序甚至完美的内在目的性迷思。技术元素的基本动力也在人类思维中发挥了作用。如果技术元素中显示出一种势不可挡的力量，并且是从人类思维中产生，那么伟大的技术突破可能会被写入人类的基因中。

这种统一的愿景让凯利接受了胚种假说（panspermia hypothesis）。这种假设肯定了地球上生命的种子来自另一个星球。我们的 DNA 可能是由高级智能巧妙制造的，然后被发射到宇宙中，在数十亿年的时间里自然地播撒行星的种子。因此，进步、必然性和技术元素可能起源于围绕遥远恒星运行的行星上的实体的思想。凯利的叙述中的这一部分让人想起吉亚尼·瓦蒂莫关于世俗文化的观点，即宗教错误的去迷思化，而这些"错误"的存在仍然显而易见，并隐藏在至今仍根深蒂固存在的扭曲模式中。

对凯利而言，宇宙似乎旨在帮助我们发现我们的潜力，亿万年来，它一直沿着进化的曲线向着这个目标前进。为人类提供广泛的可能性是技术元素最重要的结果。此外，通过扩展人类的潜力，技术元素正在使我们成为更好的人，而这也更加凸显了人类思想中最根本的善良。除了对人类的影响，技术元素还是实现新兴的宇宙意识的工具。通过技术元素，宇宙设计了自己的自我意识。技术将所有生者的思想拼接在一起。

凯利认为，我们进入了一个新的轴心时代，在这个时代，技术突破将产生神学见解。思考技术元素就是在欣赏其具有变革性的积极力量。凯文·凯利的迷思叙述将技术元素描述为宇宙中一种精神层面的变革力量，是宇宙实现自我意识、指引人类进化的策略。

凯利的技术元素迷思是为了掌握强大的技术动力而付出的巨大努力。托马斯·斯特尔那斯·艾略特（Thomas Stearns Eliot）写道，詹姆斯·乔伊斯（James Joyce）将迷思作为一种控制的方式，一种排序的方式，一种为当代历史上徒劳和无政府状态的全景赋予形式和意义的方式。凯利通过一种新的进步叙述方式描绘了技术的巨大全景，而这种叙述融入了宇宙的本质。

库兹韦尔的奇点

雷·库兹韦尔是一个谨慎沉着、举止有条不紊，并且幽默风趣的人。他平淡的情感和理智的自我表现让人觉得他更像一位工程师，而不是一位先知。库兹韦尔在讨论图表和数据时表现得最自在，他在避免形而上学。虽然他不是伟大的奥兹魔法师，但他似乎很喜欢扮演知情人的角色。库兹韦尔低调的才华、组织天赋及其无与伦比的洞察技术未来的能力，使他成了一场影响深远的技术未来主义运动的领袖。对于越来越多接受过高等教育的真正信徒而言，他是不可避免的未来的代言人。

库兹韦尔最著名的是他的指数技术进步理论，他称之为"奇点"。他对这一概念的不懈倡导使奇点成为在电影、电视节目、动画片、书籍和电子游戏中经常出现的流行文化模因（meme）。无论是支持者还是批评者，他们都在奇点中看到了关于技术的启示。例如，计算机科学家杰伦·拉尼尔（Jaron Lanier）曾写道，即将到来的奇点是由技术专家所组成的社会中的一种普遍信仰，与奇点相关的书籍在计算机科学领域非常常见。拉尼尔指出了库兹韦尔愿景中的一种宗教性质，一种对形而上学的意义的有意输入，一种迷思的作用。库兹韦尔颇具影响力的设想比技术未来主义叙述的任何其他组成部分都更成功地实现了这一目标。他单枪匹马地将对技术进步的观察转化为对未来的超验愿景。

库兹韦尔因预测 2045 年将出现与人类水平相当的机器智能而闻名。计算机智能的诞生不会立即改变一切。他说，我们有 60 亿人，因此再多出几百万人也不会深刻改变世界。尽管如此，真正能够改变一切的变革，即技术启示，即将出现，而且很快就会出现：

> 但到 21 世纪 40 年代，如 2045 年，我们能够将人类的智力水平提高 10 亿倍。这将是一个深刻的变化，本质上是独一无二的，因此我们使用"奇点"这个术语。这将是一场深刻的变革。但这确实是人类存在的全部意义。人类超越了我们的种种局限。我们让自己变得更强大。我们用我们的工具让自己变得更聪明，而这正是奇点要做的事情。

库兹韦尔将奇点定义为引入新宇宙秩序的技术变革时刻。未来即将到来的奇点正在越来越多地改变人类生活的每一个制度和方面，从性到灵性。库兹韦尔关于通过描述奇点的力量彻底改变人类存在的迷思产生了一种变革性的逻各斯，即一种我们看待生命本质的新哲学：

> 什么是奇点？奇点是未来的一段时期，在这个时期，技术变革的步伐如此之快，影响如此之深远，人类的生活将发生不可逆转的改变。尽管这种改变既不是乌托邦式的，也不是反乌托邦式的，但这个时期将改

变我们一直以来赋予生命的意义，从商业模式到人类生命的循环，包括死亡本身。

奇点是人类历史上最重要的事件之一，理解和期待它代表着个人的精神转变。库兹韦尔认为，了解奇点将改变我们对过去的重要性和未来影响的看法。真正理解它本质上会改变一个人对生命和其个人生活的看法。

库兹韦尔 2005 年出版的《奇点临近》(*The Singularity Is Near*) 一书对这个概念进行了最全面的阐述，这是一种叙述，也是未来的一种模式。他说："这本书讲述的是人机文明的命运，我们称之为奇点的命运。"然而，奇点也是一个精心打造的迷思，旨在为公众设想一个全面的事物秩序，即一个宇宙。奇点迷思为一些特定的想法和行动提供了证明。用神学家布伦特·沃特斯的话来说，它概括了希望和信任的所在，进而相应地调整了愿景。一旦人们了解了它的力量和重要性，从根本上增强人性就是叙述中一个必不可少的组成部分。技术进步的步伐能否继续无限加速？难道人类不能以足够快的速度思考来赶上这种进步吗？对未增强的人类而言，显然如此。然而，库兹韦尔认为，对一位比当今人类科学家聪明 1000 倍的科学家而言，情况并非如此。叙述让我们不仅期待这样的发展，而且渴望这样的发展。

弗莱描述了定律的顿悟，及其存在与必然性的愿景，这是一个揭示新世界的变革原则。库兹韦尔有这样一个愿景：技术变革源于他称之为加速回报定律的一个原则，即技术的进步不是渐进式的，而是以相对可预测的速度呈指数级增长。他写道："技术的持续加速是我所说的加速回报定律的含义和必然结果，它描述了进化过程中产物的速度和指数增长的加速。"库兹韦尔表示，生物科学领域也出现了类似的进步，因此，基因测序的速度每年都会翻一番，而成本每年都会下降一半。这类例子还有很多。自 1890 年美国人口普查以来，这种趋势一直在延续，而且非常平稳且可预测。

计算机的尺寸将继续缩小，直至隐形。生物和机器之间的界限将变得模糊，而我们将对生命重新编程。在超乎想象的强大的人工智能的帮助下，这个重新编程生命的庞大工程本身不仅会带来进步，而且将带来永远改变人类和宇宙的奇点事件。库兹韦尔说："宇宙的命运还有待决定，我们将在适当的时候明智地考虑这一决定。"

这种向着奇点呈指数级进化的过程的目标是将宇宙的哑物质（dumb matter）转化为智能物质（smart matter），从而带来宇宙的转变。智能可以将哑物质变成智能物质，而这类智能物质非常聪明，可以利用（物理）定律最微妙的方面来随心所欲地操纵物质和能量。

实际上，库兹韦尔认为智能比宇宙学更强大。他解释说：

> 一旦物质进化成智能物质（完全充满智能过程的物质），它就可以操纵其他物质和能量（通过适当强大的工程）来完成它的任务。在未来宇宙学的讨论中，人们通常不会考虑这种观点。人们往往认为智能与宇宙学尺度上的事件和过程无关。

一旦进化产生了一个创造技术的物种，而这个物种就像现在这样创造了计算，那么在几个世纪内，智能将渗透到一切事物中。随后，掌握这种力量的文明将通过精湛而庞大的技术战胜重力和其他宇宙力量，或者更准确地说，它将操纵和控制这些力量，并设计出它想要的宇宙。这就是奇点的目标。

这是技术未来主义的启示，残酷的自然转化为智能。借用保罗·利科的术语，奇点是对前所未有的世界的揭示，打开了通往其他可能世界的大门，这些世界超越了我们现实世界的既定界限。用弗莱的话说，这是库兹韦尔将整个自然想象成一个无限且永恒的生命体的内容。库兹韦尔的技术启示将愚蠢而冷漠的自然人性化，因此它不再是人类社会的容器，而是被那个社会所包容，并被人类所控制。在奇点中，技术进步的谦卑叙述孕育了一个全面而持久的神圣叙述，即没有人会把新酒装进旧皮袋里。

在库兹韦尔完善并普及了这个概念的同时，数学家 I.J. 古德（I. J. Good）在 20 世纪 60 年代引入了奇点的概念。他假设了这样一个时刻，即技术进步如此迅速，以至于给人类历史带来了世界末日般的断裂。他倾向于强调人工智能是奇点的先驱。古德写道：

> 让我们将超智能机器定义为一种可以远远超过任何人（无论他有多聪明）的所有智力活动的机器。由于设计机器是这些智力活动之一，因此超智能机器可以设计出更好的机器。毫无疑问，届时将出现"智能爆炸"，人类的智慧将被远远甩在后面。因此，第一台超智能机器是人类需要完成的最后一项发明。

计算机科学家杰伦·拉尼尔指出，库兹韦尔的导师之一、传奇的认知科学家马文·明斯基（Marvin Minsky）阐述了他对这一现象的看法：

> 不久后的一天，也许是在进入 21 世纪的二三十年后，计算机和机器人将能够创建自己的复制品，而且由于有了智能软件，这些复制品将比原件更好。第二代机器人将制造第三代机器人，但由于比第一代机器人有所改进，所需时间会更短。

著名的科幻作家弗诺·文奇（Vernor Vinge）常被视为普及了奇点概念的功臣。他曾在 1993 年预言："30 年内，我们将拥有创造超人类智能的技术手段。不久之后，人类的时代就会结束。"在这个版本的叙述中，人类历史以奇点结束，而新秩序也将拉开序幕。正如拉尼尔对奇点迷思的解释，他认为计算机将很快变得如此强大和快速，网络信息将如此丰富，以至于人类将被淘汰，要么被远远抛在后面，要么被纳入网络超人的行列。这并不是说迷思没有说服力。硅谷文化已经开始信奉这种模糊的理念，并以只有技术专家才能做到的方式来传播它。奇点现在是由技术专家构成的社会中的一种普遍信仰。戈特沙尔认为，奇点迷思通过挑战其他强大的迷思体系来使我们的生活连贯、有序且有意义。这事关重大，因为奇点提供了一个不亚于人类救赎和宇宙转变的愿景。即使是那些主流宗教体系的迷思，也没能为人类未来提供一个更全面和更具说服力的愿景。

回应

关于进步和必然性的迷思是技术未来主义者和增强愿景的基础，它们提供了对技术发展轨迹的描述和对无限进步的保证。作为现代最具说服力和影响力的迷思之一，进步表明人类的理性和独创性将在与身体弱点和社会弊病的斗争中取得更大的突破。进步的迷思提供了一种理解人类经验和将形而上学的意义引入技术世界的手段。

我在本章中提出，那些认为技术进步源于人类个体的好奇心和技能的早期的进步观点已经让位于更有力和更全面的观点，即将进步归因于有目的的非人类因素，如自然、智能、进化或技术本身。不可避免的进步不再意味着人类状况的改善。最近对这种迷思的重新思考使技术进步成为一种决定其自身命运的有目的的能量。技术是它的工具之一，可能是它的主要工具。在凯利的技术元素或库兹韦尔的奇点等新的愿景结构中，进步是一种促使人们走向伟大、将智慧传播到每个原子、唤醒宇宙的自我意识、为人类提供更广泛的可能性，并将自己塑造成一个神的因子。

新的充满形而上学色彩的进步叙述将西方科学的庄严叙述从有限的现在推向了看似无限的未来。库普指出，尚未出现的启示是迷思的关键。然而，如果迷思是社会和思想必不可少的，那么倾向于不可避免的终点的迷思就将对人类的能动性造成真正的限制。在凯利和库兹韦尔等富有创造力的学者的愿景中，在费多罗夫和德日进等有远见的人的带领下，技术精神正在寻求其所选择的目标，即属于这种精神的启示。

必然性是一种带有其他潜在的险恶意味的言论策略。批评进步的人是不愿协助技术宇宙自我实现工作的反叛者。社会学家迈克尔·豪斯凯勒（Michael Hauskeller）指出了在必然性言论中存在的一个有趣的悖论，这个悖论描绘了超人类主义和增强叙述的特征。关于技术未来主义愿景的各个组成部分，他写道：

> 它们被呈现为不可避免的结果，但同时也取决于我们是否愿意帮助实现它们，而不是在它们的道路上设置任何不必要的障碍。因此，这个承诺接近于一道命令。

这是我们在第 2 章中讨论的迷思风险之一：迷思可以具有不允许反对的特质。奇点代表着对历史力量、自然障碍和人类突发事件的变革性技术胜利。人类历史从一开始就在朝着这个方向发展。奇点的概念在技术界产生了巨大的影响，而且现在已经引起了公众的关注。库兹韦尔的迷思愿景激励了人类增强运动，并为其提供了一套指导原则。然而，据说这个迷思源于一条不可侵犯的法则，因此它对挑战既坚持又高度抗拒。

凯利的技术元素追求其自己的发展步伐，而随着其发展，它为人类提供了越来越多的可能性；技术元素是关于开发潜能的。它所呈现的迷思模式的最终目标是揭示上帝的存在和本质。本章所介绍的作家都精心打造了神圣的叙述，其中技术是一种精神力量，还是一个令其超出人类控制范围的深刻的变革者和有意的推动者。这个迷思承载着一个至高无上的原则、一个逻各斯：我们必须学会使用技术来实现其目标，即使这些目标涉及彻底改变人类和我们所居住的宇宙的本质。

从自然选择到精神进化

　　如今，曾经属于传统宗教的许多元素已经在科学的指导下，围绕着进化论的概念重新组合起来。

玛丽·米奇利

　　我们作为智人的进化才刚刚开始。

凯文·凯利

　　我相信，现在有必要对我们的宗教思想模式进行彻底重组，从以神为中心的模式转变为以进化为中心的模式。

朱利安·索雷尔·赫胥黎

5

在 1994 年《科学美国人》（*Scientific American*）杂志上一篇著名的文章中，传奇计算机科学家马文·明斯基曾断言，人类将继续进化，然而，自然选择将让位于人类指导下的一种新的进化：

> 为了延长我们的寿命并改善我们的思想，未来，我们需要改变我们的身体和大脑。为此，我们首先必须考虑达尔文进化论是如何将我们带到现在所处的位置的。然后，我们必须想象一下在未来，更换磨损的身体部位可能会解决大多数健康问题的方法。

明斯基认为，这种新的进化将非常全面。同时，生物增强将伴随着其他的改进：

> 我们必须制定策略来增强我们的大脑并获得更大的智慧。最终，我们将使用纳米技术完全取代我们的大脑。一旦摆脱了生物学的限制，我们将能够决定我们生命的长度（我们可以选择永生），并选择获得其他一些之前无法想象的能力。

为了进步，我们将不得不放弃我们是进化的终点的观念。过去，我们倾向于将自己视为进化的最终产物，但其实我们的进化并没有停止。达尔文进化是缓慢而充满偶然性的，经历了漫长的岁月，而且失败多于成功。然而，我们现在进化得更快了，尽管不是以熟悉且缓慢的达尔文方式。因此，是时候开始考虑我们新的进化模式了。

　　明斯基描绘的是一种能够广受认可的叙述，连同不可避免的技术进步，成为技术未来主义者和人类增强愿景的基础。这个定向进化的迷思肯定了自然选择的缓慢过程将我们带到了现在的发展阶段。然而，现在是人类利用生物技术掌握自己命运的时候了，人类将以这种方式将进化塑造成实现技术超越和创造后人类的工具。定向进化的迷思断言，无情的自然不再是人类社会的容器，而是被人类社会所包容，用弗莱的话说就是被人类所控制。本章的主要关注点是将进化视为人类转型的现代迷思来探索，这是超人类主义者和技术未来主义关于超人类未来愿景的一个基本组成部分。因此，进化在迈向后人类时代的进程中发挥着精神和物质上的双重作用。

　　我们将从研究几位早期作家的观点开始，他们精心构建了关于生命起源和进化的进化论，为后来的理论（即进化是自然界固有的改进原则）奠定了基础。本章还介绍了 19 世纪和 20 世纪两位极具影响力的作家——恩斯特·海克尔（Ernst Haeckel）和朱利安·索雷尔·赫胥黎。他们都为塑造进化的愿景做出了重要贡献，进化是一种形而上学的力量，致力于将物质世界和精神世界在一个完美的共生关系中统一起来。最后，本章将探讨人类增强领域几位领导者的观点，他们传播了一种愿景，即定向或增强进化将是实现人类根本转变的一种手段。定向进化的故事对技术未来的新兴愿景产生了深远影响。

进化论的先驱

　　进化论其实并不是查尔斯·达尔文首创的思想。18 世纪和 19 世纪初，古希腊作家和欧洲博物学家已经提出了类似的理论。达尔文的祖父伊拉斯谟斯·达尔文（Erasmus Darwin）在其著作《动物生物学或生命法则》（*Zoonomia；Or，the Law of Organic Life*）中就提出了一种基本的进化理论，这是一本关于医学、解剖学和相关主题的著作。他认为，所有的生命都是有知觉的、相互联系的，并且都在为更高层次的存在而奋斗。正如爱德华·S.里德（Edward S. Reed）所写："对达尔文而言，自然界的所有生命都具有感性和感觉，植物也不例外。"达尔文对生命的叙述为整个自然系统注入活力的能量为特点，这种能量是一种存在于身体和神经系统中的微妙的液体和醚。

法国博物学家让–巴蒂斯特·拉马克（Jean–Baptiste Lamarck）提出了物种在直接适应环境压力时会发生变化的理论。他在《动物学哲学》（*Philosophie Zoologique*）一书中设想所有物种都是从某种早期的生命形态进化而来的。进化是渐进式的：生物体在一个相对稳定的上升弧线中发展，适应能力更强的物种生存了下来，并蓬勃发展；一种内在力量促使生物体变得复杂，而另一种内在的力量促使物种适应新环境。查尔斯·达尔文为从一个物种到另一个物种的变化提供了一个合理的解释，即这是自然选择的结果。达尔文是不是有意为之尚有争议，但在大众心目中，进步是他的进化观的一个组成部分，至少这位伟大的博物学家想到了进步。达尔文在他的自传中写道，未来的人类将由比现在更完美的生物组成。进化作为一种进步（包括道德进步）获得了动力。英国生物学家托马斯·亨利·赫胥黎（Thomas Henry Huxley）于1893年写道："生存斗争往往会淘汰那些不太适应其生存环境的人。"因此，最强大、最自信的人往往会战胜弱者。这种宇宙过程既适用于文明，也适用于有机体。托马斯·亨利·赫胥黎所谓的社会进步要求对宇宙过程中的每一步进行审视，然后用另一个过程来替代它，这可以被称为伦理过程，其目标并不是让那些可能恰好是最适合的人生存（就获得的所有条件而言），而是让那些在道德上最好的人生存。进化获得了精神上的目的，即人类道德的进步。在托马斯·亨利·赫胥黎的叙述中，等级精神是显而易见的，它指向了一种潜在的、危险的无法实现的完美愿景。

法国哲学家亨利·柏格森试图发现在不断进化的有机体乃至整个宇宙中起作用的力量。在其著作《创造进化论》中，他推测是一种自我的力量（élan vital）或一种有生命力的精神驱使所有生物走向拥有意识。在柏格森的叙述中，生物的精神战胜了实现其目标的重重障碍，推动生命走向了精神意识。《创造进化论》遵循了伊拉斯谟斯·达尔文一个多世纪前所描绘的迷思曲线，而不是他的孙子查尔斯·达尔文于1859年所描绘的严格的自然选择路径（即进化论）。

无限进化的思想也出现在英国小说家和哲学家奥拉夫·斯特普里顿（Olaf Stapledon）的小说中。斯特普里顿在《最后与最初的人类》（*Last and First Men*）和《造星者》（*Star Maker*）等著作中想象了遥远的人类未来的历史。智人是一个赋予生命的种族，它唤醒了宇宙，并让宇宙摆脱了混沌。他认为，自然进化的速度太慢了；新人类即将出现，需要严谨的科学努力来加速他们的出现。他断言，我们关于人类的概念必须从根本上改变，而且正如达尔文表明人类是进化的结果，科学家们已经向我们展示了定向进化的可能性。技术已经给了我们更接近神的必要条件。智人只是通往更宏大的辉煌种族的一步。斯特普里顿探索了这样一种信念，即我们目前的心态只不过是关于混乱和停滞不前的第一次实验。未来的超人类将拥有更多的神性和更少的动物性。救赎在于未来的人类在生物学上对物种进行改良。

恩斯特·海克尔：进化与神圣的进步

《物种起源》一书为进化论观点提供了科学依据，自然选择也阐明了为什么拉马克认为"进化变化是对环境压力的直接反应"的说法是错误的。然而，达尔文的因果解释并没有跳出"进化是渐进的、道德导向的并涉及物质本身存在的能量"的观点。精神进化的最杰出代表是极具影响力的德国生物学家恩斯特·海克尔。海克尔是他那个时代最伟大的知识分子之一，他根据达尔文的理论对生命的永恒进步进行了引人入胜的叙述。19世纪，他的畅销书和精彩演讲将他的思想带给了大众，演讲厅近乎变成了某种新宗教的殿堂。

海克尔关于进化追求完美的观点存在广泛的争议，这是有充分理由的。他认为，不同的人类种族构成了不同的物种，它们诞生于不同的地点，并对广泛多样的环境做出反应。处于种族等级顶端的是高加索人，他们是最发达和最完美的种族。海克尔通过语言研究来支持他的渐进式进化叙述，即认为更复杂的语言指向更先进的种族。他的种族主义也建立在他所捏造的胚胎学上。当胚胎学的证据与他的结论不符时，他就篡改了证据。

受黑格尔的唯心主义、斯宾诺莎（Spinoza）的泛神论和歌德的浪漫主义的影响，海克尔将自然和精神视为一个统一的整体来呈现。他用一种宗教语言来描述进化，将自然崇拜（特别是太阳崇拜）与达尔文主义、反犹太主义、反基督教、优生学和安乐死等融合在一起。由于海克尔坚信新的迷思将形成一种新的科学宗教来取代基督教，他于1906年成立了他的国际一元论联盟（International Monist League）。对进化进步的叙述是他一元论意识形态的基石——孕育出新宗教教义逻各斯的精神迷思。

朱利安·索雷尔·赫胥黎：作为宗教的进化论

一位进化论专家在20世纪50年代提出了"超人类主义"一词，他就是朱利安·索雷尔·赫胥黎爵士。他在其演讲、广播节目和《新瓶装新酒》（*New Bottles for New Wine*）等书中主张，我们必须利用现有的技术来设计一种新型人类。他认识到定向进化具有巨大的神秘潜力，并为这个愿景命名：

> 如果人类愿意，它们可以超越自己——不仅是偶尔地以某种方式存在于这里的个体，以另一种方式存在于那里的个体，而是整个人类。我们需要为这种新信念取个名字。也许超人类主义会适用于此：人类仍然是人类，但能够通过实现其人类本性的新可能性来超越自己。

赫胥黎设想通过对进化的科学管理来实现超然的人性。

在赫胥黎的著作中，定向进化的迷思经历了一些曲折，揭示了一种根深蒂固的社会等级逻各斯或意识形态。他认为，大脑的表现水平可以通过基因提高，从而创造出认知精英。赫胥黎在解释自然现象时理解了叙述的形而上学力量。只有人类才能将目的解读为进化，即通过迷思创造目的。任何人类未来的目的都将是我们确定的目的。

超人类主义将为自然注入这种形而上学的目的，从而揭示一个新世界。赫胥黎的迷思承诺发现和启示，揭示迄今为止未知的领域。正如库普所指出的，迷思传达了另一种生存模式的承诺。迷思还传达了意识形态。肯尼斯·伯克写道："意识形态之于迷思就像言论手法之于诗歌。"意识形态的命题陈述（即逻各斯）源于叙述（迷思）。伯克还写道，赫胥黎关于定向进化产生天才的知识阶层（即我们中最有天赋的万分之一）的迷思使他产生了一些对优生学的想法。人生的目的是被创造出来的，而不是被发现的，而创造它们的原料是神圣的叙述。

赫胥黎为新人类定义的一些目的很奇怪，例如，心灵感应和其他超感观思维活动是可以通过技术实现的。对赫胥黎和德日进而言，进化是普遍原则。赫胥黎写道："现实的所有方面都受到进化的影响，从原子和星星到鱼和花、到整个人类社会和价值观——的确，所有的现实都是一个单一的进化过程。而我们现在所处的时期是我们获得了足够的知识，可以开始从整体上看到这一庞大过程的轮廓的第一个时期。"赫胥黎预计，米奇利富有想象力的模式在指导科学事业方面发挥了关键作用，包括对人类阶段进化进行管理。人类进化阶段的主要步骤是通过突破心理组织、知识、思想和信仰（意识形态而不是生理或生物组织）的新主导模式来实现的。这些思想体系的相继出现使得每个新的、成功的思想体系都会在世界的一些重要领域传播并占据主导地位，直到它被一个与其竞争的思想体系所取代，或者通过对这种新的思想和信仰的组织体系的突破而产生的继承者所取代。

随着达尔文的出现，一种新的模式出现了——进化论。查尔斯·达尔文用一种新的意识形态组织模式，即以进化为中心的思想和信仰组织，打开了通往一个新的心理–社会层面的通道。他对进化的解释不仅仅是关于物种兴起的理论，还是一种新的、改进的意识形态组织和一种新的主导思想组织。达尔文的模式甚至可以被解释成新宗教信仰的基础。保罗·菲利普斯（Paul Philips）写到了赫胥黎对建立宗教的兴趣："既然失去宗教是现代世界的最大缺陷，那么新宗教对赫胥黎而言就是道德上的必要条件。"

随后的每一个思想体系，无论是魔幻的、神学的、科学的还是进化论，都旨在解决当时的思想能够提出的最根本的问题，因此它们关注的是对人、他将要生活的世界以及他在那个世界中的地位和作用做出某种解释。换句话说，是对人类命运和意义的某种可理解的图景。赫胥黎在他的思想体系中实现了一种神秘的功能，一种解决重大问题的能力。进化科学让我们能够看到这个庞大的过程是如何成为一个整体的，而叙述让我们能够解释和管理这个庞大的过程。在实现了这样一个愿景之后，我们需要去执行进化的宇宙计划。

　　作为一种新的和改进的意识形态，进化提供了新的主导思想组织的核心萌芽或模板。因此，进化思维必须提供人类命运和意义的可被理解的图景。我们是这个过程的推动者；人类命运是成为这个星球未来进化的唯一推动者。古老的宗教是关注人类命运以及神圣和超验体验的社会心理器官。进化论是一种新的迷思，也是新宗教的基础。虽然它很难突破一个已被接受的信仰体系的牢固框架，并建立一个新的、可接受的继任者，但它也是必要的。无论如何，我们的新思想组织——信仰体系、价值观框架和意识形态，无论你如何称呼它——都必须根据我们新的进化愿景发展。

　　新的进化迷思的影响是深远的，也必将引起争议。例如，进化叙述不会提升平等：

　　　　我们的新思想体系必须抛弃以平等为基础的民主迷思。人类在天赋或潜力方面并非生而平等，人类进步在很大程度上源于他们的不平等这一事实。"自由但不平等"应该是我们的座右铭，教育的目的应该是追求卓越的多样性，而不是顺应常态或仅仅调整。

　　新秩序将是强加给我们的精英统治，这不是通过新的迷思，而是通过世界人口爆炸式增长的事实实现的。人口爆炸式增长提出了这样一个问题：人类为什么存在？赫胥黎对这个问题的回答植根于定向进化的迷思，令人不寒而栗。他说："我们看到，这个问题的答案与他们作为人的素质以及他们的生活质量和成就有关。"

　　在提及他的主要观点时，赫胥黎肯定地说："无论多么不完整，进化的愿景都能使我们辨别出新宗教的面貌。我们可以肯定的是，新宗教将服务于即将到来的时代的需要。"我们在新的迷思中发现了神圣的情感和是非感。现有的迷思揭示了严重的缺陷，但不久的将来新出现的宗教可能是一件好事。新宗教将利用过去几个世纪知识爆炸所产生的大量新知识，我们将据此构建我们所谓的神学，为其提供智力支持的事实和思想的框架。

新的进化迷思不会支持对超自然统治者的崇拜；相反，它将在艺术和爱中，在对智慧的理解和渴望的崇拜中，神化人性的更高层次的表现，并强调作为一种神圣的信任，生命的可能性的更全面实现。

遵循赫胥黎迷思的弧线，一个世纪前，查尔斯·达尔文首次向我们展示了进化的愿景，它以一种简单但几乎压倒性的方式阐明了我们的存在。因此，达尔文主义的愿景体现了真理是伟大的并将占上风，使我们获得自由这一更伟大的真理。在赫胥黎关于人类未来的迷思中，定向进化为全世界的科学信仰提供了基础。

增强话语中的定向进化

进化的叙述是人类增强言论的核心。无论是作为起源叙述还是技术未来主义愿景，定向进化的迷思都为增强话语的每个组成部分提供了依据和验证。正如我们所看到的，进化的叙述往往会背离达尔文的自然主义理论，并带有进步和道德的色彩。在许多关于进步的古老叙述中都加入了人类进化的有意的技术导向。在当代作家的著作中，定向进化的叙述得到了进一步的细化。下面我们将回顾几位人类增强和技术未来主义作家所发展的叙述方式。

1990 年，顶尖的机器人科学家汉斯·莫拉维克（Hans Moravec）在其关于未来主义的经典作品《智力后裔：机器人和人类智能的未来》（*Mind Children: The Future of Robot and Human Intelligence*）中详细介绍了基本叙述。他写道："我们正处于一个全新的开端。"莫拉维克提出了一个将成为人类增强圈基础的愿景，他说："直到现在，我们一直被达尔文进化论的无形之手所塑造，这是一个从过去中学习，但对未来视而不见的强大过程。进化，通过自然选择将我们带到了现在，而现在，我们已经准备好提供它所缺乏的一些愿景。"与赫胥黎关于选择进化未来的观点相似，莫拉维克写道，人类将为自己选择目标并为这些目标努力，在短期内承担损失，以在未来获得更大的收益。我们将利用机器人和人工智能方面的技术进步来实现我们所选择的指导我们进化的目标。

莫拉维克真正感兴趣的是机器人。在他的愿景中，到 2040 年，机器人将成为地球上的主导物种，将人类进化推向非生物方向。他在《机器人：通向非凡思维的纯粹机器》（*Robot: Mere Machine to Transcendent Mind*）一书中丰富了他对机器人未来的叙述。虽然他引入了大量的技术知识来描述他的未来愿景，但人们已经很熟悉他的叙述的基本组成部分了；其基本情节最初是由塞缪尔·巴特勒在其 1863 年的作品《机器中的达尔文主义》中提出的。技术人类将控制自己的进化。机器人技术的指数级进步将导致人工智能的快速发展，最终将出现具有人类智能水平的机器人。人类将让位于他们的进化继承者——智能机器人，也就是我们的孩子。

不过，这些怪物并不可怕。在莫拉维克的迷思中，会思考的机器人是一种新生命，然而，它们是我们的后代：

> 在行为上，机器人更像我们自己，而不是世界上的任何其他东西。它们正在学习我们的技能。未来，它们将习得我们的价值观和目标……那么我们应该如何看待这些由我们带到这个世界上的、与我们相似的生命，那些我们向其传授自己生活方式的生命，那些在我们死后将继承这个世界的生命呢？我认为，我们应该将它们视为我们的孩子，它们是希望而不是威胁，尽管它们需要精心的培养才能形成良好的品格。随着时间的推移，它们将超越我们，树立自己的目标，犯自己的错误，走自己

的路，也许会给我们留下美好的回忆，但也是以孩子们的方式。

莫拉维克为减轻我们对怪物的恐惧而做出的巨大努力令人惊叹。他将机器人从科幻小说中的邪恶异类变成了所有生物中最令我们无法抗拒的——我们自己的孩子。瓦勒认为，迷思定义了敌人和异类，它们也可以定义我们的部落、社会或家庭成员。在这个叙述中，机器人是我们的孩子，虽然这些孩子会成为神。在新的事物秩序中，机器人将让位于脱离肉体的心灵。这些几乎无所不能的生物追随着它们永不满足的好奇心和无限的力量，总有一天会占据一个介于夏洛克·福尔摩斯（Sherlock Holmes）和神灵之间的位置。它们将创造并探索整个世界和文明。此外，这些神灵将完成费多罗夫恢复生命的伟大任务：整个世界历史，连同所有的活着的、有感情的居民，都将在网络空间中复活。

哲学家约翰·哈里斯（John Harris）对技术未来也有类似的叙述。他写道："进化的进步不太可能是偶然或顺其自然实现的。"他主张，我们应优先考虑改善人类，而不是保护目前形式的物种。因此，我们应该用刻意选择来取代自然选择，用增强进化来取代达尔文进化论。哈里斯认识到，技术增强和有意定向进化的叙述与人性问题有关。

定向进化的反对者认为，进化过程中的技术干预有可能破坏神圣的人性。然而，对于当代大多数的定向进化支持者而言，人性并不是固定不变的，它是一个植根于古老起源迷思的概念。哈里斯认为，努力识别一种不变的自然风险有可能使我们将进化发展的一个特定阶段作为基本人性的标志。然而，人类是不断变化的，人性也不是一成不变的。为了反驳这种预防性观点，哈里斯要求读者想象一个类人猿祖先，他遵循必须保留的固定本性的错误逻辑，决定保护自己的基因状态。增强反对者所肯定的人类例外论就像猿类例外论一样危险和狂妄：

如果我们的猿类祖先考虑过这一点，她可能就会采纳我们当代许多思想家的观点。的确，他们有一些特别之处，他们的特殊存在不仅值得永久保存，而且我们有责任既要确保保存，又要确保无论是自然选择还是刻意，都不允许有更好的生物的发展。

迷思既可以定义异类，也可以定义同族，甚至也可能重新定义自我。增强我们的进化需要摆脱傲慢的观念，即在我们当前的形式中有一些值得保留的东西。哈里斯发现了在这种人类例外论中出现的两个具体障碍：

第一，我们目前的进化现状非常好，并很难改进；第二，人们假设如果不对进化进程进行干涉，那么进化将继续改善人类的境况，或者至少不会让它们变得更糟。

哈里斯阐述了一个相对传统的定向进化愿景，而其他支持者则讲述了一个更为激进的叙述。

雷·库兹韦尔在其 2013 年的畅销作品《人工智能的未来：揭示人类思维的奥秘》(*How to Create a Mind: The Secret of Human Thought Revealed*) 的引言中详述了进化叙述。回到海克尔、德日进和赫胥黎等人的观点，库兹韦尔肯定了进化是生命朝着日益复杂的方向不可阻挡前进的过程。然而，库兹韦尔将复杂定义为一种更大容量、更有效的信息存储方式。"进化的叙述是随着抽象程度的提高而展开的，"他写道，"一开始，原子，尤其是碳原子，通过在四个不同方向上的连接创造了丰富的信息结构，形成了越来越复杂的分子。"结果就是我们现在所说的化学。他还写道，十亿年后，进化出一种叫作DNA的复杂分子，它可以精确地编码冗长的信息串，并生成由这些"程序"描述的有机体。从这一点上说，生物学是在化学的基础上产生的。

为了实现更高水平的信息存储，进化在接近我们现在称为智人的高度复杂的生物形式时加速了。信息存储让位于通信和决策网络形式的信息管理：

> 生物体以越来越快的速度进化出被称为神经系统的通信和决策网
> 络，这些网络可以协调其身体日益复杂的部分并促进其生存的行为。构
> 成神经系统的神经元聚集成能够做出越来越智能的行为的大脑。

在这个关头，生物学催生了神经学，因为大脑现在位于存储和处理信息
的最前沿。总而言之，我们从原子到分子，再到 DNA 和大脑。进化的迷思
为政策的逻各斯铺平了道路，正如库兹韦尔积极倡导发展人工智能，并将其
作为人类进化取得进一步发展的途径。

对库兹韦尔而言，人类进化的影响与尼古拉·费多罗夫或德日进的迷
思愿景的影响一样深远。不断进化的技术人类将唤醒沉睡的宇宙意识。在
他 2005 年出版的《奇点临近》一书中，他重申了其启示愿景："宇宙还没有
意识。但它终将有意识。严格地说，目前只有一小部分宇宙是有意识的。但
这种状况很快就会改变。"进化仍然是库兹韦尔提出的加速回报定律的核心，
实际上这是他对人类技术进步的叙述的概括。他写道：

> 我在之前三本关于技术的书中主要想表达的是，进化过程本质上会
> 加速……而且其产物的复杂性和功能会呈指数级增长。我称其为加速回
> 报定律，它与生物进化和技术进化都有关。

库兹韦尔的加速回报定律并不是对标准达尔文进化论思想的重申，而是
对复杂性和智能出现的迷思解释的核心。

库兹韦尔关于人类进化广泛而复杂的叙述假定人类将会把意识带到宇宙
的每一个角落。这种意识殖民的理论是进化的直接结果。他写道：

> 进化朝着更复杂、更优雅、更博学、更智慧、更美丽、更有创造力

和更高层次的微妙情感（比如爱）的方向发展。在每一个一神论的传统中，上帝都被描述为无限具备所有这些品质：无限的知识、无限的智慧、无限的美丽、无限的创造力、无限的爱等。

在《奇点临近》一书中，库兹韦尔的进化叙述的精神基调是无法被忽视的，他写道：

> 当然，即使进化是加速的，也永远不会达到无限的水平，但随着其呈现指数级的爆发，它肯定会朝着那个方向快速发展。因此，进化在不可阻挡地朝着这种上帝的概念前进，尽管它从未完全实现这一理想。因此，我们可以认为，将我们的思维从其生物学形式的固有限制中解放出来，本质上是一项精神事业。

库兹韦尔的迷思使进化成为一项精神事业，同时也将他同柏格森、德日进、赫胥黎、海克尔和莫拉维克一起置于进化迷思之列。虽然进化可能是作为一个生物学过程启动的，但它正在超越生物学，并承担其真正的使命，即创造众神。库兹韦尔以悲剧英雄的身份走进了创造者的明显矛盾中，在一个伟大的启示愿景中征服了自然法则的限制，将我们所有人带向天堂。库兹韦尔花了一生的时间来阐述他对加速回报定律和奇点的愿景，而他的想法有时会受到公众甚至科技界的嘲笑和拒绝。他的先知角色有时迫使他离开社会，进入一片沙漠之地，在那里他经历了一场顿悟，那是理解人类和宇宙目的的激进而全面的法则。在这个新的宇宙中出现了"神"的愿景，用弗莱的话说，就是以人性化的形式展现的无限力量。

回应

在本章中，我们讨论了关于进化论的迷思论述，它们源于达尔文的《物种起源》一书之前的进化思想，并将进化定位为宇宙中的本体论力量。这些叙述为进化赋予了形而上学的意义，将进化过程描述为有目的的、能够指引人类方向的，并趋向于精神结果的过程。正如我们所看到的，定向进化和精神化进化的迷思有着悠久的历史。现在，它与不可避免的变革性技术进步的迷思一起，成为技术未来主义话语的基本组成部分。在本章的最后一部分中，我想探讨一些重要的批判性回应，这些回应将进化视为人类应该适当地改变自己的变革性力量。

形而上学转向的批判者们在谈论进化论时提出了各种各样的反对意见。20 世纪 70 年代，物理学家和神经科学家唐纳德·麦凯（Donald Mackay）指出，进化论几乎从 19 世纪中叶首次被提出时就开始发展成为一种宗教观点：

> 在这种纯粹的科学观点被无神论的利益所利用并变成完全不同的东西之前，它几乎没有被正式提出过。"进化"开始在生物学中被提及，显然是作为上帝的替代品。为什么它是在生物学中被提出，而不是其他领域呢？

进化的概念迅速从代表一种技术假设转变为一种无神论的形而上学原则，它可以使人在看到宇宙景象时从神学的摇摆不定中解脱出来。麦凯认为，进化论成了整个反宗教哲学的代名词，其中进化作为宇宙中的真正力量，或多或少地扮演了个人神灵的角色。

鉴于进化在人类增强领域中的突出地位，这种另类的进化叙述正在挑战宗教起源和高潮叙述的霸权。我们已经注意到，朱利安·索雷尔·赫胥黎等思想家摒弃了上帝掌管人类发展和命运的观点。然而，从宇宙叙述中移除上帝并不意味着宗教同时被移除，一种新的进化愿景正准备取代建立在上帝基础之上的旧愿景。我们似乎面对着一种新的迷思，一种将我们置于宇宙之中的神圣叙述，它描述了我们的起源和我们的目标。几十年来，科学哲学家玛丽·米奇利一直在提醒她的读者，将叙述称为迷思并不意味着它是一个虚假的叙述；相反，这意味着它具有巨大的象征力量，而这种力量与它的真实性无关。

技术导向的人类进化被设想为一个涉及人类道德和物质进步的过程。在赫胥黎、库兹韦尔等人的进化叙述中，进化成为物质复杂化、道德提升和最终宇宙精神转变的媒介。我们现在正在参与协助这个伟大转型过程的工作，协助进化作为有目的的行动者，它们通过在技术上指导我们自己的进化来让我们为这个角色做好准备。

医生和哲学家杰弗里·毕肖普（Jeffrey Bishop）对进化的观点提出了道德担忧，这种观点意味着我们仅仅是一种不可阻挡的力量的助手。让进化或技术成为行动者是为了弱化我们的道德责任，也就是说，我们只是在服从命令。毕肖普指出，约翰·哈里斯等作家和其他定向进化的支持者将进化转化为本体论创造力。人们认定，定向进化实现了人类历史上的一种新状态，即进化不再是自然选择，而是一个刻意选择的过程。因此，进化从自然过程彻底转变为人类意志自治的工程。

毕肖普将这种对进化的新理解称为权力本体论。他写道："重点是，理性的人类意志将指引进化史。"他对未来的愿景持怀疑态度，在这种愿景中，这一成就是通过部署技术及其所伴随的力量来实现的。进化成为人类意志的产物，其本身被称为进化成就，现在转向使对创造性本体论的混乱秩序化，从而形成秩序神学。人类将自己变成了神，理由是他们的命运是完善和指导自然过程。毕肖普还写道：

> 这种秩序的力量，这种人类将安排创造的力量，是超人类主义的神
> 学。人的意志是创造性力量的产物，这种创造力有朝一日能够掌握和控
> 制其自身的产生。

有远见的人从最初视进化为一种自然过程，转为视其为一种有意的计
划，这对超人类主义和技术未来主义的人类未来愿景至关重要。因此，它与
对人类的反直觉理解密切相关，这种理解自 20 世纪中叶以来已经被广泛接
受。这种将人类视为信息的补充叙述将是第 6 章的主题。

生命即信息

信息是何时何地被构建为一种无实体媒介的？研究人员是如何被说服并相信人类和机器可以成为兄弟的？

凯瑟琳·海尔斯
（Katherine Hayles）

我解释了生命最终是如何由 DNA 驱动的生物机器组成的。

J. 克雷格·文特尔
（J. Craig Venter）

现在，没有人会对将大脑与数字计算机进行比较而感到惊讶。计算机曾经被称为"电子大脑"。

让－皮埃尔·迪皮伊

是什么构成了人类的身份？直到 20 世纪中期，这个问题的答案依然集中在身体、行为、名誉或神创的灵魂上。当洛克菲勒大学（Rockefeller University）的奥斯瓦尔德·埃弗里（Oswald Avery）于 1944 年发现 DNA 在携带生物体细节方面的作用时，这种观点开始发生改变。九年后，当詹姆斯·沃森（James Watson）和弗朗西斯·克里克（Francis Crick）的英国研究团队公布了 DNA 的双螺旋结构时，人类身份之谜似乎需要一个新的答案，一个承认个体独特基因结构的答案。从那时起，一种关于生命和身份的叙述开始形成，它将人类的本质定位于细胞核中携带密码的结构。个体开始看起来像一种信息模式，而不只是现在的身体。如果是这样，人类就可以像任何其他数据一样被评估、存储和传输。

将人类视为信息有着深刻的历史根源。启蒙运动之后，自然科学被视为研究人类的模型。我们可以用数字模型来评估社会群体：人类可以作为一个整体被研究；行为模式在大量人群中非常明显。对大量人口的统计分析意味着关于人类行为的科学确定性将取代个人的观点和宗教启示。这就使形成一门关于人类社会的科学——社会科学成为可能。

随着社会科学的发展，"人类群体的活动是可测量的"这一观点被广泛接受。社会科学家的研究方法可以用来测量和预测经济行为、政治活动、工作效率，甚至宗教信仰。这些方法还可以用于了解有些想法是如何获得公众关注的。格雷戈尔·孟德尔（Gregor Mendel）于 1865 年揭示了基因遗传的基本原理，即有些看不见的因素支配着生物体的特征，并以可预测、可测量的方式将新一代与前一代联系起来。对遗传学的进一步了解表明，对个体采取类似的测量方法也是可行的。个体的特征和倾向甚至外貌都起源于细胞的微观世界。

人们用来识别彼此的特征，如面部特征、身材、声音甚至个性，都是存储在我们细胞中的代码的表现，这一观点逐渐被接受。1953 年，沃森和克里克发现了 DNA 分子的结构，这激发了公众对生命和身份遗传基础的兴趣。理查德·道金斯（Richard Dawkins）在其 1976 年的里程碑式著作《自私的基因》（*The Selfish Gene*）中将基因置于人类意义的中心。然而，道金斯对生命的叙述暗示了更多的内容，即人类个体的意义实际上是由基因决定的，是基因而不是性格或灵魂造就了我们。关于人类身份的新观念正在形成：细胞构成了人类的宇宙，基因是生命王座上的君主。这种对生命的新观点表明，具身化的个体、一个实际存在的行为者，不再是人的本质。

承载信息的永恒不变的基因表明，我们对个性和个体等概念有着过多的解读。个体并不稳定，它们转瞬即逝。只有基因才能长存。道金斯正在塑造着一种新的生活愿景，他说：

> 染色体就像洗过的牌一样，很快就被遗忘。但牌本身却在洗牌中幸存下来。这些牌就是基因。基因不会因为交叉而被破坏，它们只是换个伙伴，然后继续前进。它们当然会继续前进，因为那是它们存在的意义。它们是复制者，而我们是它们的生存机器。当我们完成使命时，我们就会被抛弃。但基因是地质年代的定居者，它们是永恒的。

在这种叙述中，基因是有意识的行为者——它们改变同行的伙伴，它们继续前进，它们做自己的事，它们生存下来。基因携带着信息，这些信息使我们成为人类，并为我们提供了身份。道金斯的还原论结论表明了他的观点，即我们和所有其他动物都是由我们的基因所创造的机器。然而，他将基因视为自私行为者的叙述具有范式意义，用米奇利的话说，它为思考生命和身份提供了一种新的想象模式。

基因转向将关于身份的叙述从身体转向信息模式，随着医疗技术能够改变外貌以及计算机允许构建数字自我，这种变化获得了动力。每个人永恒不变的单一身份的真实性突然被彻底审视。越来越多的学者开始质疑身体是否对身份不再重要，媒体理论家中村丽莎（Lisa Nakamura）就是其中的一位，她说：

> 通过网络形象、整容和变性手术、身体改造以及电子假肢等技术实现的身份选择并没有打破单一身份的模式，而是将身份转移至"虚拟"领域，一个并非没有自己的法律和等级制度的地方。

身份作为一种信息对于将个性下载到计算机中，以作为实现永生的手段的愿景至关重要。布伦特·沃特斯这样描述超人类主义对人的看法，他说："简而言之，他们认为可以将自然和人性简化为基本信息，并使用适当的技术，以更理想的方式重塑。"

本章介绍了正在发展的信息人（即将个体视为数据模式）的迷思。这种叙述用将个人视为非物质数据的集合概念挑战了传统的对物理身份的描述。我们首先回顾一下信息人愿景的早期来源，其中包括 20 世纪 50 年代的梅西会议（Macy Conferences）和汉斯·莫拉维克于 1988 年出版的关于机器人和人工智能的经典著作《智力后裔：机器人和人类智能的未来》。我们还将探讨由著名基因组生物学家克雷格·文特尔开发的关于人的遗传身份的案例，以及在不同环境中出现的关于信息人的言论。我们还将追溯发明家和超人类主义者玛蒂娜·罗斯布莱特在思维克隆（Mind Clones）项目中所倡导的关于信息人的迷思。最后，我们将探讨对人类身份的这种新愿景及其对技术未来主义梦想的核心意义的批判性回应。

梅西会议

将个人身份视为一个信息问题是梅西会议（于 1946 年至 1953 年在美国纽约举行的一系列会议）的一个结果。此次会议由乔西亚·梅西基金会（Josiah Macy Jr. Foundation）赞助，聚集了当时英国和美国的多位知名知识分子，他们探讨了广泛的话题。这种结构松散的对话旨在为科学带来更大的统一性，并使人们更好地理解人类思维。在计算机时代的曙光中，重新想象人类的身份尤为重要。会议的议程还包括制定将自然科学的严谨性引入社会科学的战略。

第二次世界大战结束几年后，一些新技术正在重塑对生命本身的基本理解。计算机在学术界、商界和公众中越来越受关注，而这不可避免地使人们将这些计算机与大脑进行比较。埃尔温·薛定谔（Erwin Schrodinger）在其于 1944 年出版的具有里程碑意义的著作《生命是什么》（*What Is Life*）中提出，信息是生物系统的中心。他假设细胞中存在代码脚本，即存储在基因中的一系列信息，为生物提供了其特征。如果其他生物是由遗传信息塑造的，那么人类也是如此。物理定律支配着许多以前被我们视为难以接近的实体，如思想或灵魂。

在梅西会议中，引起参会者最多讨论的是那些致力于控制论新领域，即自我调节信息反馈系统的研究。学者们成立了一个控制论小组，来讨论对人类、大脑和复杂神经网络的新理解。科学史学家史蒂夫·海姆斯（Steve Heims）写道，控制论小组对基于电子电路的大脑模型很感兴趣，而且倾向于机械论。参会者在寻找一种可以跨越学科界限来进行有效对话的语言，尤其值得关注的是那些对于人的讨论。新的研究计划和商业投资也需要对计算机能够理解的人进行定义。关于人类的机械隐喻出现了：头脑本身就是一种计算机。

凯瑟琳·海尔斯认为，对人类的一种叙述正在不断发展，使信息在研究界中似乎比物质更重要。随着物理学家对神经生物学领域产生兴趣，将大脑类比为机器的情况激增。控制论学者、梅西会议参会者的沃伦·S. 麦卡洛（Warren S. McCullough）在 1955 年写道："我们对有机体的所有了解使我们得出结论，它们不是类似于机器，它们就是机器。"对控制论学者而言，大脑变成了一种人们知之甚少的机器。正如让 – 皮埃尔·迪皮伊于 20 世纪 50 年代所总结的发展前景，他说："大脑是一种机器，思维也是一种机器。在所有情况下，机器都是相同的。因此，思维和大脑是一体的。"

意义的概念也在沿着物理学建议的叙述路线被赋予新的诠释。意义不是在思想的互动中找到的，而是在因果物理定律（causal physical laws）中找到的。迪皮伊指出，理论家将复杂系统作为具有自己生命的实体来讨论。这类系统具备"紧急"或"自主"功能。系统的行为就好像它们的路径是由一个赋予它们意义和方向的目标所指引，尽管这个目标还未实现。借用亚里士多德的分类，纯粹有效的原因能够产生模仿最终原因的效果。

作为信息的人符合控制论（一门早于数字计算机的科学）的基本原则。反馈是对有关任何过程或活动结果的信息的简略表达。控制论者的反馈回路描述了一种自我调节机制对环境信息的响应，而人正是这样一个基于反馈的系统。就像格雷·沃尔特（Grey Walter）广为人知的自主机械龟一样，人脑会处理来自环境的信息并做出相应的调整。这种控制论的类比导致了一种刺激 – 反应观点，即人是信息处理系统。随着人们越来越多地通过机械隐喻来理解人类，机器似乎开始与人类具有共同的特质。然而，麦卡洛不仅仅对人类机械化感兴趣，正如他所说，他打算使机器人性化。

随着计算机得到了商界、学术界和军方的关注，信息在不同环境的转换中保持稳定的价值就变得很重要。这意味着信息需要从主观意义的观念中解放出来。因此，信息成了一种价值中立的货币，也就是数据。凯瑟琳·海尔斯指出，信息如果仍然与其意义相关联，那么它每次在被引入新环境时可能就不得不改变价值。在新观点中，意识似乎有着深刻的含义。海尔斯写道："脱离语境的定义允许信息被概念化，就好像它是一个可以在不同材料基质之间保持不变流动的实体，就像莫拉维克设想的大脑中的信息可被下载到计算机中一样。"

在梅西会议之后，机械隐喻为新提出的信息人的叙述提供了依据。海姆斯写道："当谈到人类的任何事情，甚至是最个人化的感觉时，我们总是努力通过机器模拟，或者以其他类似于工程的方式给出数学形式。"这与控制论的理论相一致，人类的思维不再是一个精神实体，而是一个机械实体；意识是大脑复杂的电路中出现的一种衍生现象。

一种关于人的新的叙述正在形成：人是信息，大脑是信息处理计算机。身体本身就是一台机器，而社会则是这类信息实体的大量集合。新人类可以与机器无缝交互，因为他／她本身就是一种基于可用信息来运行的机器，就像计算机一样。正如计算机的效率和速度正在不断提高一样，人类的思维机器也可能会变得更强大。构成个人身份的信息可能将以另一种更永久的形式存储，也许存储在计算机的硬盘中。

汉斯·莫拉维克：上传意识

物理学家和计算机科学家朱利奥·普里斯科（Giulio Prisco）是一位杰出的超人类主义者，他也是欧洲航天局（European Space Agency）的前高管。

他主张将意识上传（mind uploading）作为实现永生的一种手段。如果人类的思维是一台计算的机器，那么它可以从生物大脑转移到另一种计算基质上。他补充说："一旦意识上传技术可实现，人类就将能够无限期地生活在非生物体中，并制作自己的备份副本。"由于梅西会议的与会者所采取的信息转向，将人类意识上传至机器成为一种富有想象力的可能性。将个性上传至计算机的当代叙述在增强主义和超人类主义领域司空见惯，这在很大程度上要归功于计算机科学家汉斯·莫拉维克。

在他于 1988 年出版的开创性著作《智力后裔：机器人和人类智能的未来》中，莫拉维克提出了一种早期且具有说服力的叙述，描述了后来被称为意识上传的内容。莫拉维克通过生动的描述让他的读者感受了一次奇异的外科手术：

> 当你被推进了手术室，一位机器人脑外科医生出现了。在你身边的是一台等待成为人类的计算机，它只缺少一个程序来运行。你的头骨（而不是你的大脑）被麻醉了，你是完全有意识的。机器人外科医生打开你的脑壳，并将一只手放在你的大脑表面。这只不同寻常的手布满了微型机械，一根电缆将它与你身边的移动计算机连接起来。

手术结束时，你的意识已经从大脑中移出，并转移至一台机器上，你突然被抛弃的身体开始痉挛并死去。但是，没什么可担心的，因为计算机模拟已经从外科医生手中的电缆上断开，并重新连接到一个新的身体上，这个新身体的样式、颜色和材料都是你选择的。你的蜕变已经完成了。

莫拉维克的叙述比较了上传与宗教对永生的描述，同时试图使数字化永生与宗教脱节：

> 我们很容易想象人类的思想摆脱了肉体的束缚（即相信来世）是很

普遍的，但没有必要采取神秘或宗教的立场来接受这种可能性。计算机甚至为那些最热心的机械学家提供了一个模型。

莫拉维克在介绍上传叙述的核心要素时向读者保证，正如正在进行中的计算——我们可以合理地称之为计算机的思维过程——可以在中途停止并转移，很容易想象人类的思维可能会以某种类似的方式从大脑中解放出来。

莫拉维克认为，必须以一种令人信服的方式解决身份问题才能使上传的概念获得广泛接受。反对者会回应说："最终结果将是一个新的人，不是最初提交该进程的那个人，而是一个自欺欺人的骗子。此外，如果在复制过程中破坏了原件，那么我就被杀了。"莫拉维克将此称为"身体即身份"的观点，他反对这种观点，而支持另一种被他称为"模式即身份"的观点。

莫拉维克加入了从梅西会议开始出现的"人即数据"叙述的行列。他解释说："身体即身份假设一个人是由构成人体的物质来定义的。如果是这样，那么只有保持身体物质的连续性，我们才能是一个个体。然而，模式即身份将一个人的本质，比如我自己，定义为在我的头脑和身体中发生的模式和过程，因此，如果过程被保留，我就被保留了，其余的只是没有意义的物质。我认为，身体即身份的观点是基于对生物本质的错误直觉。从某种程度上，模式的保留和物质的损失是日常生活的正常部分。"

数据即身份的观点使身体对一个人的基本人格变得无关紧要。重要的不是身体，而是信息的非物质模式。

启示景象为莫拉维克关于可下载的信息人的叙述提供了信息。这让人联想起尼古拉·费多罗夫的大规模复活之梦。他写道："通过使用巨大的模拟器，大规模复活也许是可能的。"这样的模拟器可以由超密中子星制成，可以提供一种极其细致的环境，模拟的人尽管被囚禁在模拟器中，但也会像你我一样真实。可能性是无限的。莫拉维克将基于信息的人格转移与模拟论证相结合，建议我们可以在模拟中将我们的意识直接"下载"到身体中，并在我们完成任务后"上传"回现实世界。

莫拉维克想象以这种方式来复活地球上所有过去的居民，并让他们有机会与我们分享移植思维的（短暂）永生，这可能会很有趣。他说："在我们的文明还没有殖民它的第一个星系之前，复活一颗小行星应该是轻而易举的事。"在这种表述中，复活整个行星的人口是一个合理的科学目标。布伦特·沃特斯指出，莫拉维克之所以能够精心构思出这样的叙述，是因为人类的意识和人类本身只能是信息。

克雷格·文特尔与人类基因组

2003 年，两个研究团队——一个由政府支持，另一个由私人资助——破译了人类基因组极其复杂的密码。四年后，即 2007 年，私人基因组图谱项目的负责人克雷格·文特尔声称创造了第一个人工合成的、可以自我复制的生命形式，这一消息震惊了科学界。克雷格·文特尔研究所宣布，这种新细菌证明了基因组可以在计算机中设计、在实验室中用化学方法制造并移植到受体细胞中，以产生一种仅由合成基因组控制的、可以自我复制的新细胞。

同年，文特尔在英国广播公司（British Broadcasting Corporation，BBC）的一档节目中提出，创造新的生命形式是一种道德义务。他说："生命的未来不仅取决于我们理解和使用 DNA 的能力，而且可能取决于创造新的合成生命形式的能力。也就是说，生命不再由达尔文的进化论塑造的，而将是由人类的智慧创造的。"在随后的一次采访中，文特尔承认即将发生的变化可能令人不安，但我们在科学进步中所面临的部分问题是对未知的恐惧——恐惧常常导致抗拒。文特尔反驳了对他的批评，并总结道："科学是一个可能会让人们停止思考的话题。"

文特尔孜孜不倦地宣传"生命即信息"的理念。他在其《生命的未来》（*Life at the Speed of Light*）一书中指出，人类是 DNA 机器。文特尔引用了理查德·道金斯的生动描述，即生命就像一条从伊甸园中流出的信息之河。他说："生物学家和作家理查德·道金斯想出了伊甸园外的一条河流这一令人回味的景象。这条缓缓流淌的河流由信息以及构成生物的代码组成。"在这个起源迷思中，生命来自一条充满活力的信息之河。将生命定义为编码在 DNA 的代码脚本中的信息已经主导了生物科学，以至于 21 世纪的生物学已经成为一门信息科学。

文特尔追溯了信息叙述的弧线，从伊拉斯谟斯·达尔文的生命之丝，到薛定谔的非周期晶体，最后到 DNA。他将另一个叙述，即基因附带现象，贬低为现代版本的活力论（vitalism）。他说："如今的活力论将重点从 DNA 转移到细胞的'突现'特性上，这种特性在某种程度上大于其分子组成部分的总和以及它们在特定环境中的工作方式。"这种描述反映了对神秘生命力量的不科学迷信。他说："有些人并没有放弃'生命是基于某种神秘力量'的观念。"活力论是一种信仰体系，而不是一种科学理论。

在文特尔的叙述中，DNA 只与信息的保留、组织和传输有关。因此，他认为自己的叙述是对生命叙述的去迷思化。然而，文特尔对 DNA 的洞察却是一个迷思般的顿悟：生命本身就是一个可以被数字化的代码脚本，因此可以瞬间从一个地方发送到另一个地方。这种传输的数据可以由接收者在可用的化学物质中重建。这是光速的生命、超验的信息世界和生物生命的自然世界正在走向一致。从物理的角度来看，这种顿悟源于 DNA 分子本身，DNA 的阶梯状结构将生物的平凡世界和纯信息的非物质领域联系起来。顿悟是神圣的洞察，而这种洞察预示着生命的无限。

信息转向也意味着我们可以重新安排生活，创造新的形式来满足新的需求。对文特尔而言，这样的工作成了人类的道德义务，他写道：

> 所有的活细胞都在 DNA 软件上运行，该软件指挥着成千上万的蛋白质机器人。自从我们第一次通过 DNA 测序发现如何读取生命软件以来，我们一直在努力将生命数字化。现在，我们可以朝着另一个方向前进，从计算机化的数字代码开始，设计一种新的生命形式，用化学方法合成其 DNA，然后使它产生真正的生物。

人类作为高度进化的 DNA 机器，现在有能力重新设计生命软件。文特尔认为，通过这种方式，人类即将进入一个新的进化阶段。他将生命视为可传输和可延展的信息的愿景几乎无限地扩展了人类的能力，他说："当生命最终能够以光速行进时，宇宙将缩小，而我们的力量将扩大。"这对商业也有着深远的影响。

玛蒂娜·罗斯布莱特的思维克隆

企业家、律师和通信卫星专家玛蒂娜·罗斯布莱特创立了天狼星卫星广播电台（Sirius Radio）和联合治疗（United Therapeutics）公司。她[①]是美国收入最高的女性之一，也是最具影响力的女性之一。罗斯布莱特是一位超人类主义者，她制订了一项计划，通过开发她称之为"思维克隆"的技术，即

[①] 1994 年，罗思布莱特遵从自己内心的意愿，由一名男性变成女性。——译者注

根据活着的人的信息构建个人数字化人格，来实现数字化永生。她看到了人格构建和存储方面的无限潜力，这一愿景建立在信息人的迷思之上。通过她位于美国佛蒙特州的特雷塞基金会（Terasem Foundation），罗斯布莱特和同事们一直用机器人人格 BINA[①] 48 测试这个想法。BINA 48 是一个会说话的思维克隆，是模仿罗斯布莱特的妻子比娜制作的。特雷塞基金会催生了特雷塞跨宗教运动（Terasem Movement Transreligion），也被称为特雷塞信仰（Terasem Faith）。这种跨界的信仰被描述为一个可以与任何现存宗教相结合的运动，而不必退出以前的宗教。为了与这种宗教转向保持一致，罗斯布莱特描绘了一个在不久的将来不可避免的、负担得起的和数字化永生的愿景。

罗斯布莱特经常在超人类主义和技术未来主义的会议上发表演讲，她与众多听众建立了牢固的联系。她认识到，谈论个性的数字化复制和数字化永生难免会让人感到不舒服。然而，作为企业家，罗斯布莱特反驳道：

> 尽管这会让一些人感到不舒服，但这是我们必须要去应对的不舒服。大规模推广一种相对简单、容易获得且负担得起的方式，让奶奶通过她的思维克隆留在几十年后的毕业典礼上，这才能真正转化成钱。

思维克隆可以从创建简单的思维档案开始，它是一个可以随时收集并逐步建立的个人信息存储库。在《虚拟人：数字永生的希望与危险》（*Virtually Human: The Promise and the Peril of Digital Immortality*）一书中，罗斯布莱特写道：

> 毫无疑问，一旦数字克隆技术得到充分开发和广泛使用，并且普通消费者都能负担得起，思维克隆的创造就将按照我们所希望的速度发

---

① BINA 是 Breakthrough Intelligence via Neural Architecture 的缩写，意为通过神经架构突破智能。——译者注

生，我们想要它多快，它就有多快。

当认识到"意识"一词的模糊性时，罗斯布莱特肯定，思维克隆将实现一种她称之为网络意识的自我意识。事实上，我们已经跨越了从生物意识到网络意识的门槛。虽然仍处于起步阶段，但网络意识的精细性和复杂性正在迅速增强。网络意识将受到强大却易于使用的"思维软件"的推动，这种软件将用于激活你的思想、记忆、感受和观点的数字文件（即思维文件），并在技术驱动的一个相像个体或思维克隆上运行。

思维克隆还提供了通过数字化的自动优生学进行自我提升的可能性。罗斯布莱特说："通过调整我们的思维软件，让我们的思维克隆比我们自己更好一些。我们的直接目标甚至不是积极的优生学；它更类似于自我增强，因为你的思维克隆就是你自己。"因此，在罗斯布莱特的叙述中，思维克隆不仅仅是一种重新创造个体某些方面的方式，而且是一种增强的途径。

罗斯布莱特的迷思体现了维柯的幻想，即一种充分且完全地统治世界的力量。全面的文化变革将伴随着网络意识／网络永生革命。网络意识的复杂性和普遍性自然会引发社会、哲学、政治、宗教和经济问题。尽管如此，可以肯定的是，网络意识之后将出现新的文明方式，这些方式将与它们诞生时的个人自由、民主和商业观念一样具有革命性。在罗斯布莱特史诗般的迷思愿景中，未来将拥有通过数字化永生而免于死亡的自由的确定性。然而，永生并不是叙述的结局，因为我们还可以期待具有网络意识的选民占多数，拥有克隆思维的人享有更广泛的商业权利和义务。面对这样一场革命，罗斯布莱特敦促她的读者要做好准备。

回应

一种强有力的叙述正在人类增强和将人等同于信息的超人类主义的话语中发展。神学家布伦特·沃特斯认为，这种叙述构成了一种救赎迷思，他总结道：

> 新出现的后人类迷思（这是一个救赎迷思）的大致叙述情节是这样的，人类的本质是构成思想或意志的信息。遗憾的是，这些信息仅限于一个对意志施加不可接受的限制，并会在相对较短的时间内恶化的机构。

这种信息人的叙述在主流研究和商业环境中也很明显。例如，谷歌公司最近聘请了牛津大学哲学家卢西亚诺·弗洛里迪（Luciano Floridi）来研究人类身份的构成问题。科学记者罗伯特·赫里特（Robert Herritt）写道："对弗洛里迪而言，你就是你的信息，它包含了从关于你体内粒子之间关系的数据到你的生活叙述，再到你的记忆、信仰和遗传密码的一切。"弗洛里迪认为，技术的发展已经带来了自我理解的转变，这种转变与哥白尼、达尔文和弗洛伊德所带来的转变一样引人注目。这种范式转变与发现进化的运行机制或地球绕太阳公转一样重要。随着对人类认识的这种转变，我们现在占据了一个新的、主要是非物质的生存领域，即信息圈。虽然达尔文揭示了我们并无特殊之处，也没有区别于其他动物，但信息和通信技术已经向我们表明，我们是相互联系的信息有机体，我们是由信息构成的。赫里特写道："我们共同存在于弗洛里迪所说的信息圈——一个像谷歌这样的公司拥有巨大力量来塑造的生态系统。"

弗洛里迪将信息人的叙述视为一个明确的事实，将信息置于提供信息的身体和思想之上。信息始终是关于某物的信息，它来自其自身之外；信息既没有脱离物质世界，也并非对思想毫无意义。玛丽·米奇利写道："信息不是加入笛卡尔思想和身体或旨在取代它们的第三种东西。信息只是对它们的一种抽象。引入这种额外的东西就像之前谈论燃素（phlogiston）、动物精神或神秘力量一样无聊。"她写道，信息是关于世界的事实。

文学学者凯瑟琳·海尔斯探讨了通俗小说在传播成为人类就是成为信息这一理念方面的作用。例如，科幻小说作家威廉·吉布森（William Gibson）在《神经漫游者》（*Neuromancer*）一书中将后人类的身体描述为数据制造的肉体时，生动地说明了这一点。海尔斯在信息人的叙述中察觉到了巨大的道德风险。例如，如果我们将数据与身体割裂开来，那我们欠身体什么呢？她写道，在文化背景和技术历史中，身体被简化为控制论者的细胞自动机或复杂的信息系统，而这支持了因为我们本质上是信息，所以我们可以摆脱身体的观点。因此，海尔斯争辩说，我们必须揭开信息比物质或能量更重要这一假设的神秘面纱。

海尔斯在安东尼奥·达马西奥（Antonio Damasio）的著作中找到了有益的指导，他专注于连接思想和身体的复杂机制。达马西奥强调身体不仅仅是大脑的生命支持系统，身体提供的"内容"是正常思维的重要组成部分。他说：

> 感觉是一扇窗户，通过它，心灵可以观察身体。感觉是身体如何向大脑传达有关其结构和不断变化的状态的信息。如果感觉和情绪是身体对心灵的低语，那么感觉就像其他戒律一样具有认知，是思想的一部分，实际上也是让我们成为理性生物的一部分。

软件设计师和人类增强评论家杰伦·拉尼尔也指出，在信息中发现身份的想法构成了一种激进的还原论宗教观点：

如果你想从旧宗教过渡到新宗教，希望有来世，希望通过上传到计算机实现永生，那么你就必须相信信息是真实和有生命的。你要求我们其他人生活在你的新观念中。你需要我们将信息神化来强化你的信仰。

对拉尼尔而言，信息并不能充分代表现实，而这种不充分的代表存在风险。他说："对信息的需求多于它所能提供的，你最终将得到可怕的设计。"他还发现，上传信息的拥护者对生命的奥秘不够了解。拉尼尔说："他们希望生活在一个类似于理想化的计算机程序的密闭的现实中。在那里，一切都能够被理解，没有基本的奥秘。他们甚至会回避潜在的神秘区域或世界观中未解决的裂缝的暗示。"作为对数字化永生的超人类主义迷思的完美替代，拉尼尔提供了我们目前所享受的生活的完整体验。他说："相反，我认为，重要的是一种专注感、一个有效专注的头脑，以及一种与众不同的、具有冒险精神的个人想象力。"

尽管如此，本·戈泽尔等人工智能专家还是肯定了意识上传的叙述。他写道："我们中的一些人（将）离开我们的身体和大脑，来探索存在和互动的新方式。"他承认，这种激进的技术应用将带来深刻的哲学意义。因此，思考上传需要深入了解心灵和宇宙的本质。人类必须根据技术重新思考自身；技术不朽将需要对自我和身份进行新的定义。戈泽尔认识到，这些问题正在为我们的精神转变做准备，而这会带来很大的风险。他写道："单纯从技术角度来考虑这些可能性是不够的，而且可能会产生危险的误导。"

除了道德问题和与之相关的逻辑错误，信息人的叙述还对自我的概念产生了影响。将我们自己视为数据可能会将我们的文化焦点从人权和人类繁荣转移到信息问题上。社会学家齐格蒙特·鲍曼（Zygmunt Bauman）也指出，我们发现自己面临着构建自我的多种选择，这种可能性可能会让我们不确定应如何塑造一个稳定的自我。现代性给了我们自主的自我，而后现代性给了我们灵活的自我。我们现在可能正在进入一个流动的现代性时期，在这个时期，身份融入了具有无限可塑性的流动的自我。人类即信息的观点可能暗示着无常的、不断变化的身份；身份成为一种策略、便捷性或对改变渴望。

信息人的迷思使塑造自我的问题进一步复杂化，并使对性别的考虑变得无关紧要。信息人不再是有性的 / 生物的实体，而是无性的技术实体。对他们而言，性别就像身份本身一样是流动的。这些信息丰富的个体为人与机器的融合铺平了道路，在这种技术未来主义的愿景中，性别在身份中的作用被削弱了。性别作为生物进化的产物被抛弃了，就像海洋生物出现在陆地上时一样。而且，如果信息构成了人，并且这些信息可以通过各种形式被存储、传输和复制，那么生殖可能就会成为一种不再需要有性生物体相互作用的技术过程。

信息人在超人类主义和人类增强圈中被视为人类进化的一个阶段，是远离生物学、走向永生和后人类状态的一步。作为更广泛的技术未来主义迷思的组成部分，后人类和技术不朽将是第 7 章和第 8 章的主题。

增强的大脑，互联的思维

毕竟，大脑才是最重要的。充满了新鲜血液的大脑赋予了我们生命和思考的能力。

J.D. 贝尔纳（J. D. Bernal）

自从人们宣称大脑不过是一台由血肉组成的计算机后，一切都开始变得不同了。

玛丽·米奇利

技术正在将所有人的思想缝合在一起，将地球包裹在电子神经振动的外衣中。

凯文·凯利

我们将通过与机器智能的直接连接来逐步增强我们的大脑，直到我们思维的精髓完全转移到更强大、更可靠的新机器上。

雷·库兹韦尔

正如我们在第 2 章提到的，法国古生物学家德日进设想了一个精神网络，即智慧圈，它有朝一日将像有机生命的生物圈一样覆盖地球。在 20 世纪中叶，这种精神网络的证据已经出现：

> 当然，我首先想到的是非凡的广播电视通信网络，它已经用一种"以太化"的宇宙意识将我们所有人联系在一起。但我也在想那些惊人的电子计算机，它们以每秒几十万次的脉冲信号，不仅使我们的大脑从单调乏味和令人精疲力竭的工作中解脱出来，而且因为它们提高了必不可少却很少被注意到的思维速度，为研究领域的革命铺平了道路。

对德日进而言，所有这些物质工具最终不过是一种超级大脑的表现，能够掌握宇宙中的某个超级领域。

超人类主义者和其他增强倡导者一直对德日进关于持续进化和发展（如智慧圈）的极具影响力的愿景非常感兴趣。与此同时，他们的注意力一直集中在大脑研究的关键领域，原因显而易见。大脑是理解意识、提高智力、聚焦定向进化策略，以及进而制订激进的增强计划的关键。虽然大脑仍然是一个谜，但脑科学正在飞速发展。美国调查中心（Center for Inquiry，CFI）主任约翰·R. 舒克（John R. Shook）认为未来将出现重大突破，他说："到本世纪末，我们的大脑和有意识的自我可能几乎不会受到激进技术的影响。"

了解大脑也是解决心理健康问题和一系列社会问题的关键，也就是说，这对致力于改善人类状况的意识形态而言是重要的问题。舒克写道，太多的大脑缺乏足够的道德能力，如精神病患者、反社会人士和社会越轨（social deviant）等精神病学分类就证明了这一点。脑科学和制药科学的突破可能会将我们带入一个摆脱了道德限制的未来，甚至可能使伦理和道德体系（如宗教）变得无关紧要。道德体系和宗教不再适用；它们没有就什么构成了道德达成共识。

强大的市场力量可能会掩盖关于哪些大脑增强在伦理上是合理的微妙的哲学猜测。舒克写道："自由市场经济将产生基于传统标准的道德提升疗法，而无须等待哲学结论。"情感和认知增强的愿景甚至会影响这些市场力量。其他方面的考虑也会影响关键的定义问题，如构成幸福的要素是什么。麻省理工学院媒体实验室主任艾德·博伊登写道："尽管我们已经定义了许多抑郁和悲伤的衡量标准，但对幸福的连贯描述仍然难以捉摸。"他问道："如果你不能定义它，你又怎么能增加它呢？"因此，人们正在寻找更好的、可衡量的定义来衡量幸福。博伊登指出，我们需要全新的工具来增强思维能力，包括能够对大脑进行高度有针对性的操作的新型神经刺激器。新兴技术将允许技术人员通过短暂的蓝光和黄光脉冲来打开和关闭特定的神经元集合。

大脑之于 21 世纪，就像载人航天之于 20 世纪一样，这是一项大胆且奇特的研究挑战，吸引了众多科学家和政府机构的注意，并引起了公众的关注。欧盟委员会（European Commission）于 2013 年宣布了其庞大的人脑计划，这是一个需要欧盟各国、欧洲诸多大学和公司共同支持的项目。该项目由脑科学家亨利·马克拉姆（Henry Markram）主持。该项目的网站称：

> 人脑计划是欧盟委员会未来和新兴技术的旗舰项目，旨在加速我们对人脑的了解，在定义和诊断脑部疾病方面取得进展，并开发新的类脑技术。

不久之后，美国时任总统奥巴马发布了通过推进创新神经技术进行大脑研究（Brain Research through Advancing Innovative Neurotechnologies，BRAIN）的
计划：

> 脑科学是总统关注的重点之一，旨在彻底改变我们对人类大脑的理
> 解。通过加速创新技术的开发和应用，研究人员将能够绘制出一幅全新
> 的、具有革命性的大脑动态图，首次展示单个细胞和复杂神经回路如何
> 在时间和空间上相互作用。

人类增强圈对大脑研究的兴趣很高，产生了对增强大脑、人脑与机器的
融合以及将大脑与大脑连接的愿景。为了深入探索这些愿景的起源，本章首
先介绍了一种流行的叙述，想象了爱尔兰未来学家 J. D. 贝尔纳提出的一项激
进的大脑研究议程。贝尔纳的还原论观点将人还原为大脑，并提出通过毫不
妥协的技术干预来增强大脑。

接下来，我们将探讨关于大脑和旨在提高智力、记忆力和其他能力的技
术的技术未来主义论述。本章还介绍了设想建立一个相互联系的思想网络的
叙述。本章的最后一部分着眼于使用计算机技术重建大脑的努力，这是一个
由治疗问题驱动的项目，它对人类增强有着深远的影响。在这一系列复杂的
发展中，技术大脑增强的可能性是超人类主义愿景的核心。

J. D. 贝尔纳关于大脑的新观点

一直以来，大脑仍是受其自身复杂性保护的神圣领域，充满神秘，并且
超出了科学的范围。直到 1924 年，汉斯·伯格（Hans Berger）发明了脑电
图仪，才以现代实验室的精度对大脑进行了探索。爱尔兰传奇科学家 J. D.

贝尔纳在其于 1929 年发表的极具影响力的文章《世界、众生和恶魔》(*The World, The Flesh and the Devil*) 中，打破了对大脑的所有敬畏，并提出它应该成为无畏的科学实验的焦点。哈瓦·提罗什 – 萨缪尔森指出，贝尔纳对未来充满幻想，认为科学将改变社会生活的方方面面，并将取代宗教成为主要的社会力量，而完成这一过程主要通过改造人脑。因此，贝尔纳的愿景是终结迷思，并通过改造大脑来改变文化。然而，正如米奇利提醒我们的，我们可以选择我们的迷思，但无法选择在完全不使用任何迷思或愿景的情况下理解我们所居住的世界。

作为了解大脑的一步，贝尔纳提议在没有身体的情况下维持一个活着的人脑。他开始了他对自主大脑的叙述，自主大脑可以摆脱笨重且容易出错的身体，并成为未来的人。他写道："毕竟，大脑才是最重要的，充满了新鲜血液的大脑赋予了我们生命和思考的能力。"在提到俄罗斯科学家谢尔盖·布鲁霍年科 (Sergei Brukhonenko) 于 1928 年和 1929 年进行的一项令人毛骨悚然的研究时，贝尔纳肯定地说："这项实验已经在狗身上进行过，这已经走完了迈向人类实验过程的 3/4。"与脱离肉体的人脑进行交流将成为可能，因为我们已经知道了神经脉冲的电学性质。将神经永久地连接到可以向神经发送信息或接收信息的设备是一项精细的手术。

贝尔纳的叙述涉及这样一个连接起来的大脑，它继续存在，纯粹是精神上的存在，与肉体上的存在有着截然不同的乐趣，但即使是这样，也比完全消失要好。一个在没有身体的情况下运作的有功能的大脑要好于死亡。确实，这样可以将大脑从死亡中解救出来。

迷思传递并强化了文化中的价值，贝尔纳关于自主大脑的迷思通过将人简化为大脑，提升了纯粹思想的生命——大脑才是最重要的。当一个新的迷思产生了实验性议程的逻各斯，这位伟大的科学家提出了一些激进的实验来提高大脑的能力，增加它们的寿命，并设想了一个电子连接的大脑网络。他说："如果能找到一种方法，将大脑中的神经末梢直接与电感器连接起来，那么就可以将其与另一个人的脑细胞连接起来了。"这种连通性将使更完美、更经济的思想得以转移，最终形成未来的合作思维。有意识的思想的生命就是人的生命。

贝尔纳的启示迷思揭示了一个即将到来的新世界。在他对自主和永生大脑的叙述中出现了一个对人性的大胆愿景；以有灵魂的身体和具身的灵魂为特征的个体的旧观念正在消失。随着神经元连接变得越来越普遍，"两种或多种思维之间的连接将趋于成为一种越来越持久的状态，直到它们作为双重或多重有机体发挥作用。"戈特沙尔写道。这个叙述让我们能够关注人类状况的巨大困境。人类面临的核心困境是死亡的确定性，而战胜死亡是贝尔纳叙述中的核心关注点。在一个共同的精神有机体中，死亡将呈现出其不同的、远没有那么可怕的一面，因为它被推迟了 300 年甚至 1000 年。通过不断转移老成员的记忆和感受，多重个体变得永生。每一个新的大脑都会为这个伟大的计划带来一种超越宗教派别最狂热信徒的献身精神的承诺。

集体的精神有机体将以一种"狂喜状态"存在。随着个体之间的壁垒的消失，神圣的复杂头脑拥有无限的生命，将他们的感知和理解以及他们的行动扩展到个体之外。无限且永恒的脱离肉体的大脑可能会探索地球和恒星的内部，生物自身最内层的细胞将通过这些天使向意识开放，而且通过这些天使，恒星和生物的运动也可以被引导。因此，贝尔纳的迷思为增强的、集体的、脱离肉体的和永恒的人类思维提供了无法想象的、神一般的力量。他对身体的极端蔑视源于这种对全能和永生的大脑的愿景。贝尔纳不是第一个进入这个叙述领域的人，但他在英语国家的科学地位确保了大脑在新兴技术迷思中的地位是稳固的。

增强大脑

著名的未来学家库兹韦尔肯定，大脑增强是人类增强倡导者的首要任务之一。他说："我对未来的愿景是，从 21 世纪 30 年代开始，我们将开始使用非生物智能来增强我们的大脑。我们已经在使用我们身体之外的设备和云计算来做这件事了。"在同样庞大的资源支持下，大量研究工作推动着我们不断加深对大脑的了解，为大脑增强的实验时代开辟了道路。研究型大学以及艾伦脑科学研究所（Allen Institute of Brain Sciences）等私人基金会正着力扩展着公众对大脑的了解。计算机科学家和超人类主义者拉米兹·纳姆强调了治疗技术在这种大脑转变中的作用：

> 正如我们现在所知，治愈的力量会带来增强的力量。当我们学习如何修复受损的大脑时，我们将发现大量关于大脑如何工作的信息。反过来，这将导致一些可以提高我们心理能力的设备的出现。

大脑增强技术已经得到了广泛应用，而一些实验程序正在开启关于是否应该限制大脑增强的新讨论。麻省理工学院的一个团队已经成功地将虚假记忆移植到老鼠的大脑中。军事组织对具有增强应用潜力的技术有着浓厚的兴趣。美国国防部高级研究计划局正在开发一种大脑假体，来恢复受伤士兵失去的记忆。还有人提出了记忆捕获程序，该程序可以将记忆细胞从一只老鼠的大脑转移到另一只老鼠的大脑。脑成像技术也使观察大脑的活动（包括语言和图像的形成）成为可能。一些领先的研究机构正在进行类似的针对语言生成和图像识别的研究。

提高智力是脑研究的一个长期目标。加利福尼亚大学洛杉矶分校（University of California，Los Angeles，UCLA）格芬医学院（Geffen School of

Medicine）和神经影像实验室（Laboratory of Neuro Imaging）的研究人员宣布，他们发现了与智力相关的基因。单个基因变异会影响大脑的大小以及人的智力。现在，我们已经很清楚可识别的基因是如何影响大脑的。大脑基因工程的潜力是显而易见的，即基因变异可能会造就天才。牛津大学（Oxford University）的一项研究表明，对大脑中某个点进行电子刺激可以提高数学能力。植入的电子设备也可以复制大脑功能。

第一个成功的大脑假体也已经研发出来了。以硅晶片植入物形式存在的人造海马体将执行与它所替代的大脑受损部分相同的程序，从而使中风、癫痫患者或意外事故的受害者恢复正常功能。遵循两用原则，海马体假体的消息一出，立即引发了关于增强的讨论。哲学家尼古拉斯·阿加尔曾写过关于这种治疗技术的一些增强应用的文章。他写道："也许在未来几年，一些父母会给他们的孩子配置电子海马体，与他们同学的生物海马体相比，这些电子海马体会在将课程转化为记忆方面做得更好。"

尽管这些报道引起了人们的兴趣，但人们对通过手术来增强大脑的想法持保留态度也是可以理解的。大脑复杂得令人难以理解，而且它们也极其脆弱。此外，由于手术干预所导致的大脑功能的改变可能意味着行为的改变，甚至人格的毁灭。为了让公众在追求难以想象的回报的过程中做好接受令人生畏的风险的准备，叙述再次发挥了关键作用。

在《超越人类》（More Than Human）一书中，增强技术的支持者拉米兹·纳姆生动地描绘了一种未来主义的大脑增强程序。他写道："在未来的某一天，你可能会冒险尝试在你的大脑中植入一个计算机界面。同伴的压力将影响你的决定，在工作中获得成功的渴望也将影响你的决定。增强带来了社会和智力优势；增强的人们以一种在植入前不可能的方式做着贡献。例如，在随后的几个星期内，你会发现你的工作效率大大地提高了。与未植入植入物的同事相比，以植入植入物的同事可以更快、更轻松、更准确地工作。"在工作场所中将出现已增强和未增强之间的可预测的分化：

> 在与其他未植入同事的会议中，你经常会使用思维导图、图像和无声语言来工作。你可以在精神上控制你的演示文稿，将文本和图像投影到屏幕上，并使用无法使用记号笔和白板进行修改的工具对它们进行修改。

增强功能将学院式的工作场所变成了一个基于有和无的技术体系，尽管其目的不是强调由于增强的成本和风险而可能产生的不公正；相反，纳姆强调的是，大脑增强的员工很容易在策略和表现上胜过那些未增强的员工，从而产生压力。这种差异将意味着未增强的员工会面临两难的境地，要么接受带有侵入性和昂贵的程序，要么被永久地降级为低级别员工或只能被动地接受已增强的员工的想法。因此，纳姆的观点是，增强功能将在整个工作场被迅速接受，原因是绩效的大幅提高以及随之而来的经济和职业现实。他生动的叙述有说服力地描绘了大脑可能的未来。纳姆写道："与我们迄今为止讨论过的任何技术相比，直接修补我们大脑内部的工作机制以及将其与计算机直接连接的能力将为我们提供更强大的自我控制能力。"

智慧圈之梦：从增强到连接

电影制片人和技术倡导者吉姆·吉列姆（Jim Gilliam）用他非凡的生存叙述吸引了观众。吉列姆认为，全能（omnipotence）不是从一个遥远和无形的神灵身上发现的，而是在以网络连接的人身上发现的。神灵存在于能够创造出比他们自身更强大的东西的人类的思想网络中。作为一位癌症幸存者，吉列姆称那些在网上支持他事业的朋友挽救了他的生命。他告诉观众，他们都是创造者，而在线连接是非常有灵性的。他指着天空说："当你在网络上时，你就是创造者。"他描述了他的朋友如何向一家著名医院的医学专家施压，让他们进行了他们原本不愿进行的移植手术。吉列姆说："那是我真正找到上帝的时候。"吉列姆阐述了一种关于技术网络化思维的叙述，这种叙述是在现有的社交网络技术的基础上发展起来的。事实证明，它与德日进所设想的围绕全球的精神世界的智慧圈惊人地接近。以下，我们将探讨增强大脑的活动范围和力量的愿景，然后讨论大脑和机器之间直接连接的关键问题，最后以讨论直接心理联系的叙述作为结束。

网络化的精神活动是一个梦想，至少可以追溯到 20 世纪 20 年代的宇宙主义者维尔纳斯基和古生物学家德日进。心理连接的想法也可以追溯到对心灵感应和其他类型的可转移思想的推测。迈克尔·哈格迈斯特写道："在 20 世纪 20 年代和 30 年代，物理上可测量的脑辐射（即脑电波）的假设构成了生理学家利奥尼德·瓦西里耶夫（Leonid Vasiliev）在远距离心灵感应方面进行的开创性研究的基础。"在无线电和电视技术发展的推动下，心灵感应和相关问题在 20 世纪上半叶引起了人们的极大兴趣。20 世纪 20 年代和 30 年代，杜克大学著名的超心理学实验室的心理学家 J.B. 莱茵（J. B. Rhine）进行了系统的心灵感应研究。莱茵的著作《超感觉》（*Extra–Sensory Perception*）引起了人们对他和心灵感应的极大关注。小说家厄普顿·辛克莱（Upton Sinclair）在其作品《心灵电台》（*Mental Radio*）中描述了关于他的妻子玛丽·克雷格·辛克莱（Mary Craig Sinclair）的心灵感应能力，著名心理学家威廉·麦独孤（William McDougall）为该书撰写了序言，而该书德文版的前言则由阿尔伯特·爱因斯坦（Albert Einstein）撰写。在《心灵电台》出版后，莱茵和辛克莱之间有了更多的往来。

宇宙主义者想象除了大气层和光球层，我们的整个星球都被一个精神创造的空间（即智慧圈）包裹着，我们的能量以多种形式如彩虹般散发。"智慧圈"这个词本身是由法国数学家、亨利·柏格森的追随者埃德·勒·罗伊（Edouard Le Roy）在 20 世纪 20 年代提出的。然而，对这个概念的第一次探索很可能是由宇宙主义者维尔纳斯基进行的，他认为集体思想是由有意识的人类活动带来的进化新阶段的一部分。1922 年，德日进和勒·罗伊在索邦大学（Sorbonne University）听到了维尔纳斯基关于这个想法的演讲。在俄罗斯，这个想法也被神秘学界所采用。人们认为，德日进在《人的现象》一书中详细地探讨了这个概念。德日进的描述并不容易解释，尽管他似乎描述的不是一个技术网络（这可能是这个概念的后期阶段），而是一个自人类开始交流以来就开始包围地球的思想网络。

在德日进的愿景中，智慧圈将随着人类的进化而进化。虽然他对这个话题的讨论非常模糊，但很明显，他已经看到了全球互联的精神网络的缓慢而确定的演变。随着社会联系的增加（高于生物学水平的能量）、相互联系并相互增强，智慧圈出现了。随着这种取代生物圈的新秩序的出现，一个类似于吉姆·吉列姆对在线链接的超验本质的顿悟的启示出现了。德日进写道，至少有一件事是肯定的，从我们对智慧圈和社会联系的高度有机性采取完全现实主义的观点的那一刻起，世界的现状就变得更加清晰了。

虽然智慧圈的起源可以追溯到前人类时代，但这种超验技术的发展已不能再靠运气了。智慧圈必须在人类历史的这一时刻被有意地发展起来；我们物种的进一步进化将取决于这一统一愿景的实现。德日进说：

> 在激活智慧圈各种形式的心力交互活动中，如果我们想为我们的进化进程提供有效的帮助，那就必须在所有其他人之前识别、利用和发展那些具有"中间"（Intercentric）性质的能量。

德日进所说的"中间"指的是精神能量来源的重叠中心。当进化的最后阶段完成时，一个和平的制度将在智慧圈的领域中出现。某种一致意见将统治整个智慧圈，而整个融合将和平进行。

德日进的朋友和崇拜者朱利安·索雷尔·赫胥黎将智慧圈置于他自己的超人类梦想的中心。在《进化的愿景》（*The Evolutionary Vision*）一书中，他写道，高度进化的人类存在和生存于无形的思想海洋中，德日进将其命名为"智慧圈"，就像鱼类在物质海洋（地理学家将其称为"水圈"）中的存在和生存一样。虽然我们尚不清楚赫胥黎的类比是否抓住了智慧圈的本质，但很明显，赫胥黎将这一概念置于早期超人类愿景的中心。

强大的精神集体的观点在一些小说中也有很强的生命力。亚瑟·C.克拉克爵士在其《童年的终结》一书中将集体智慧设想为一个高度进化的半神圣实体，这本书可能是有史以来最具影响力和最成功的科幻小说之一。在其他可能的例子中，最广为人知的也许是《星际迷航》（*Star Trek*）中的博格人的集体意识。最近，纳姆在他的小说《联结》（*Nexus*）中探讨了一种连接人类思维的纳米药物的可能性。虽然《星际迷航》中的博格人或克拉克爵士书中的"主宰"似乎是科幻小说中的奇特创作，但越来越多的科学实验表明，直接连接的大脑之间存在交流的可能性。

增强认知界面的技术（无论是大脑和机器之间还是大脑与大脑之间）都在快速发展，激发了人们对发展中的全球精神网络的增强圈的兴趣。声音、眼球运动和脑电波指令都大幅缩短了大脑和机器之间的距离，这种连接正朝着无缝状态发展。例如，电子头带可以让游戏玩家仅凭意念就能控制物体；汽车制造商正在开发可用意念来操控的设备，如后备厢开启器或其他便捷设备；用意念操控的无人机被视为朝着仅靠飞行员的意念操控的飞机迈出的一步；由意念控制的轮椅和机械臂已被开发出来，并用于帮助残障人士。

基于思想的技术因其潜在的作战和治疗应用也吸引了军方的注意。士兵的头盔可以与大脑进行电子连接，使其在战斗条件下长期清醒，并提高专注度和稳定性。美国国防部高级研究计划局的可靠神经接口技术计划正在寻找能长期与人类中枢神经系统形成可靠连接，并且以可靠的速度提供高质量感知的植入物。直接的脑刺激将使士兵和飞行员对敌军的存在和移动高度警觉。神经尘埃由放置在大脑中的微型芯片组成，将以高分辨率监测神经信号，并通过超声波高效地传输数据。这种方法的效率预计比（电磁）芯片的效率高 1000 万倍。

高速人机界面的这些进步不仅鼓励了军事设计师，也鼓励了精神网络叙述的支持者；脑机接口与脑脑通信之间有着密切的关系。后一领域中一个引人注目的进展是哺乳动物大脑的远程电子连接，包括最近两个以人类大脑为对象的实验。2013 年初，杜克大学研究员米格尔·尼科莱利斯（Miguel Nicolelis）通过电子方式连接了两只老鼠的大脑。有线大脑植入物允许将感觉和运动信号从一只老鼠发送给另一只老鼠，创造了有史以来的第一个脑脑接口。接收鼠正确地领会了发送鼠新学到的行为。

研究人员首先训练两只老鼠解决一个简单的问题，即当控制杆上方的指示灯亮起时，按下正确的控制杆就可以喝到一口水。随后，研究人员将这两只老鼠放在不同的房间中，并通过在大脑皮层中处理运动信息的区域插入微电极阵列连接它们的大脑。

当第一只老鼠在指示灯亮起后按下正确的控制杆时，它的大脑活动以电刺激的形式传递到第二只老鼠的大脑中。尽管第二只老鼠（接收鼠，或称为解码鼠）并没有看到光信号，但它按下控制杆以获得奖励的成功率仍达到了 70%。

迷思传达了价值观和期望，甚至是科学家的期望。从德日进和维尔纳斯基的智慧圈以及贝尔纳的复杂精神有机体，到克拉克的"主宰"和《星际迷航》的博格人，连接思维的迷思已经变得相当流行。尼科莱利斯对其实验成功的评论就像在预言智慧圈的出现，他说："实际上，你可以用数百万个大脑来解决同一个问题，并共享解决方案。"这样的叙述还有很多，因为他的研究最终将应用于人类。他说："我们一定会有一种方法，让数百万人可以自由交换信息，而无须使用键盘、语音识别设备或其他我们目前通常使用的界面类型。我由衷相信在几十年后，我们将知道以这种方式交流是什么意思。"一位专业观察员评论称，尼科莱利斯的研究基本上表明，从大脑中提取信息是可能的，而获取信息并将其输入大脑也是有可能的。可能实现智慧圈的未来技术就在我们手中。接下来的问题是，我们为什么要这样做，以及我们希望从中得到什么。

值得注意的是，2014 年，华盛顿大学（University of Washington）的研究人员成功地用人类被试复制了尼科莱利斯的实验。在实验中，一位发送者连接一台可以读取他大脑活动的脑电图仪。来自发送者大脑的信息被转换成电脉冲，然后通过互联网发送给接收者，在后者控制手部运动的大脑区域附近放置了一个经颅磁刺激线圈。通过这种方式，两个人脑可以直接进行数字交流。发送者可以通过简单地思考手部运动发出指令来移动接收者的手。发送者会玩一个电子游戏，在游戏中需要通过发射大炮来保卫一座城市。他在整个游戏的过程中每隔一段时间就会产生开炮的想法。而"开炮"的大脑信号通过互联网直接发送到接收者的大脑，接收者的手只要点击触摸板就可以开炮。

虽然将指令从一个大脑传输到另一个大脑并不等同于认知能力的提高，但这项技术为智慧圈提供了愿景。华盛顿大学的一位研究人员认为，最初实验中使用的方法也适用于随机加入的被试。华盛顿大学的团队获得了一项资助，用于探索解码和传输更复杂的大脑过程，以扩展可以从一个大脑发送到另一个大脑的信息类型。华盛顿大学学习与脑科学研究所（Institute for Learning and Brain Sciences，I–LABS）的尚特尔·普拉特（Chantel Prat）指出，基于可以通过将健康大脑的脑电波传输到受损大脑来帮助（大脑）恢复的假设，他们近期的目标是将这项技术应用于治疗脑损伤或脑障碍患者。这一主张遵循了拉米兹·纳姆早先提出的模式：对大脑的治疗将促进大脑的增强。

对一些人而言，尼科莱利斯的实验指出了智慧圈在技术未来中的一个看似合理的方向。复杂系统的先驱拉尔夫·H. 亚伯拉罕斯（Ralph H. Abrahams）在其文章中抓住了集体智慧叙述的迷思精神。他写道："我们希望的是全球人类集体智慧的增长，如果没有集体智慧，我们就无法在这个星球上生存。"未来学家乔治·德沃尔斯基（George Dvorsky）补充说："互联网已经与它非常类似了。"然而，他补充说："但与它交互的过程仍相当原始。"关于数据交流，德沃尔斯基写道：

> 我认为集体智商将大幅提高，合作的规模和效力将大幅增加，社交网络将发展到一个新的水平。这甚至可能迎来一个备受推崇的全球思维时代，在这个时代，我们将能随时随地与我们的朋友、思想家和任何专业团体交流。

有些人认为，互联网是朝着德沃尔斯基预测的方向迈出的重要一步。科学记者罗伯特·赖特（Robert Wright）评论说："网络是一种集体思维过程的媒介。"今天的社交网络技术正在将人类组织成类似于大脑的电子网络，如公司、在线兴趣小组以及分布广泛的非政府组织。尽管将社交网络描述为大脑在一定程度上暗示了我们可能会走向何方，但是赖特从互联的人类未来中看到了更重要的东西。认为以及称我们自己是巨型超有机体中的神经元并不是完全荒谬的。在这种表述中，连接是一种救赎，也就是说，如果我们不使用技术将人们组织在一起，将我们的物种变成一个相当统一的机体，那么混乱可能就会吞没整个世界。技术提供了如此大的破坏力，以至于一个严重分裂的人类物种是无法繁荣的。智慧圈的叙述表明，当集体认知（通过增强大脑的数字化连接）超越了个体大脑的有限潜力时，技术超越就真正到来了。

回应

对许多超人类主义者而言，人脑是宇宙中唯一已知的智能来源。如果我们周围存在有智慧的外星人，那么它们可能就会联系我们。因此，人脑是我们的一个希望。这就是为什么库兹韦尔写道："从这个角度看，逆向工程人脑可能被视为宇宙中最重要的项目。"没有比这更重要的项目了。这种逆向工程不仅是提高大脑能力的关键，而且是将大脑与其他智能来源、人类和机器连接起来的关键。正如米格尔·尼科莱利斯所说："实际上，你可以用数百万个大脑来解决同一个问题，并共享解决方案。"因此，增强大脑与机器的融合，或许多增强大脑与许多机器的融合，都将加速改变历史的计算能力成指数级增长的时刻——奇点的到来。

可以预见的是，增强大脑和连接思想的梦想会招致批评。其中一种批评的焦点在于人类包含在大脑中的还原论。已故神学家让·贝思克·爱尔希坦（Jean Bethke Elshtain）在其文章《笛卡尔式斩首》（*Cartesian Decapitation*）中指出，这种还原论将身体与头部割裂开来。爱尔希坦在这种操作方式中发现了一个笛卡尔式讽刺，即一个需要身体的脱离身体的头部。玛丽·米奇利指出了还原论叙述本质上的特征，她说："正式的还原不会自行出现，而是像花园里的杂草一样。它们并非没有价值。它们总是一些更大项目中的一部分，一些重塑整个知识领域的项目的一部分，通常也是我们对生活的一般态度。"

人类增强倡导者应该进行这样的还原并不奇怪，20世纪关于大脑的讨论已经将人格定位于颅骨中。正如贝尔纳在20世纪20年代末所说，毕竟，大脑才是最重要的。如果没有认知能力的提高，就很难想象彻底的人类增强。例如，彼得·戴曼迪斯和史蒂芬·科特勒设想的未来是，大多数人最终都将与技术融合，在身体和认知方面增强自己。互联网上的一种流行观点是，我们已经朝着这个方向迈出了重要一步：这再不只是关于信息，而是关于增强我们自己，尤其是我们的大脑。未来学家乔治·德沃尔斯基写道，我们很快就将见证大脑与互联网的畅通连接。当这种融合发生时，我们将通过我们的潜意识指令，甚至仅仅通过我们的意念来浏览网络并与他人交流。互联网与其说是一种外部资源，不如说是我们大脑的延伸。支持者指出，人机融合将大大增强智力，并最终带来新的精神体验。更广泛的超人类主义愿景认为，这种增强是向后人类进化的一步。

从德日进和亚瑟·克拉克到吉姆·吉亚姆和乔治·德沃尔斯基，技术未来主义者都认为连接思维是人类变革的一个途径。思想本身在技术上变得容易获得。在最近取得的一些突破性进展的支持下，一些专家认为，机器能够远程读取我们的思想只是时间问题。这种进入人的思维的技术潜力首先会引起明显的隐私问题，但是与无限的、持续的、匿名的和无法逃脱的思想监视相比，这些担忧将显得苍白无力。获得尚未说出的想法将引发前所未有的法律和道德问题。尽管如此，这类研究仍在以阅读思想将可以与处于"锁定"或植物人状态的患者进行交流为理由继续推进。治疗和增强之间的界限已经是一个相当棘手的问题；而治疗与侵入最后的私人领域——个人思想之间的界限将更难被划分。即使这样，入侵的合理性也依然可以被"旧的进化大脑必须得到增强，否则它很快就会被其创造的机器超越"等论点证明。

增强人类和后人类

也许经过大量的劳动和灾难之后，就会出现一个辉煌的人类种族，他们比我们希望的聪明得多，心地也善良得多。

奥拉夫·斯特普里顿

如果我们愿意，我们就是种子，可以长出奇妙的新生命。

拉米兹·纳姆

从阿喀琉斯和雅典娜，再到亚瑟和圣女贞德，智力、体力或精神能力超群的人对西方的想象力产生了非凡的影响。古代雕塑家将身体理想化，神话家歌颂了半神英雄的功绩。在通俗小说和灵修文学中，超人、人神混合体和神都有着非凡的地位。在凡人的层面上，无论是在职业体育赛事还是国际象棋锦标赛中，出类拔萃的人都是令人着迷的对象。那些天赋异禀的人，那些没有受到平凡身体或普通心灵的世俗束缚的伟人，对技术未来的愿景产生了巨大的影响。

后人类在超人类主义的迷思中占据着核心地位，是引导我们自身的进化朝着创造我们的继任者的方向努力的顶点。后人类仅作为言论结构存在，是在技术未来的愿景中被模糊勾勒出却又被给予期待的半人半神。后人类迷思融合了技术未来主义者的突出主题：定向进化、指数级增长的技术进步、人与机器的融合以及人类的基因改造。作为我们技术努力和进一步技术改造的半神式指南的成果，后人类是我们自己制造的"他者"——按照我们的形象创造的神。

长期以来，经过技术改造的人类、超人、半机械人和后人类一直在技术未来主义叙述中扮演着重要角色。他们的存在赋予这些叙述一种迷思色彩，因为这些迷思与神、半神、英雄、灵魂或鬼魂等超人类的叙述有关。我想探讨的正是迷思的这个方面，即超自然生物的存在和意义。我们在本章首先通过讨论几个关于早期人类增强的重要例子，为后人类迷思建立一个语境。正如我们将看到的，这些早期的叙述经常被优生学和种族政治所困扰。

我们还将研究超人类主义提出者尼克·博斯特罗姆的后人类愿景，以及人类增强运动中其他几位杰出人士的观点。这些作家通过精心构思使人类最终到达后人类时代的人类增强的叙述，为讨论人类未来建立了迷思框架。然而，后人类在超人类的众神中是独一无二的，因为它们是被我们创造的。后人类迷思将这种新的超人类物种描述为由普通人类控制和指导的进化过程的结果。最后，我们将以对后人类的愿景和对激进的人类增强技术观点的批判性回应结束本章内容。

叙述先驱

无论在虚构和非虚构作品中，还是在现代和古代，对具有超能力的人或先进种族的讨论都很常见。这些伟大的生物居住在地球未被探索的区域、其他行星、奥林匹斯山，或者可能就存在于我们中间而没有被注意到。他们是神和人类的后代，是高级进化的例子，是来自太空的访客，或是优生学或遗传学实验的产物。无论出身如何，智力或体力超常的人总是近在咫尺。当代对增强人类或后人类的描述得益于前人对他们的描述。

19世纪，增强人类的典型途径是种族迷思。法国小说家约瑟夫·阿瑟·戈宾诺（Joseph Arthur Comte de Gobineau）在其《人种不平等论》（*On the Inequality of the Races of Man*）中将种族按等级排序，其中欧洲人居首位。乔西亚·克拉克·诺特（Josiah Clark Nott）、乔治·罗宾斯·格利登（George Robins Gliddon）等人在《地球土著种族》（*Indigenous Races of the Earth*）中提出了类似的种族科学分类。可以预见的是，种族迷思让位于政治和社会政策的逻各斯往往会带来灾难性的结果。例如，休斯顿·斯图尔特·张伯伦（Houston Stewart Chamberlain）的《十九世纪的基础》（*Foundations of the Nineteenth Century*）就产生了非凡的政治和社会影响。

　　种族迷思在大西洋两岸被广泛接受。社会历史学家列昂·波利亚科夫（Leon Poliakov）认为，当全人类不间断地传承的想法被抛弃时，不同种族有不同的起源点的危险迷思就生了根。这种关于不同人类起源的叙述在适当的时候产生了雅利安迷思。这种迷思暗示一个拥有非凡精神力量的种族注定要领导人类。弗里德里希·席勒（Friedrich Schiller）认为，德国人被普世精神选中，为人类的教育而永恒奋斗。海因里希·冯·克莱斯特（Heinrich von Kleist）想象众神在北欧人中保留了更纯粹的人类物种的原始形象。这些启示迷思将世俗世界置于超自然秩序之下，历史学家丹·斯通（Dan Stone）将其称为种族主义世界观。因此，它们为优生学的逻各斯提供了叙述基础。弗朗西斯·高尔顿（Francis Galton）于 1907 年创立了优生学教育学会（Eugenics Education Society）。虽然优生学叙述承诺通过社会规划让人类变得更好，但超人小说却设想了各种后人类的未来。玛丽·雪莱（Mary Shelley）在其著名的小说《科学怪人》（*Frankenstein*）中想象了一个人造人，这个人的存在归功于一位有远见的科学家。在乔治·爱德华·布尔沃-利顿（George Edward Bulwer–Lytton）的作品《即临种族》（*The Coming Race*）中，人们在巨大的地下洞穴中发现了一个古老的超人种族。萧伯纳在其系列作品《千岁人》（*Back to Methuselah*）中探讨了超人的可能性，而菲利普·威利（Philip Wylie）在其小说《角斗士》（*Gladiator*）中探讨了一个化学增强的后人类在一个对他的存在毫无准备的世界中的生活。

　　当代的电影无休止地重复着关于增强人类的迷思。电影《机械战警》（*Robocop*）让观众看到了一个活生生的人与机器融合在一起，产生了一个超级警察的故事。从颇受欢迎的电视连续剧《无敌金刚》（*The Six Million Dollar Man*）到《星际迷航》中的博格人，半机械人曾多次出现。电影《钢铁侠》（*Iron Man*）复兴了人与机器融合以创造超人的概念。生物技术增强力量和敏捷性是《美国队长》（*Captain America*）系列、电影《X 战警》（*X-Men*）以及相关漫画改编成的电影的主题。电影《机械姬》（*Ex Machina*）主要讲述的是后人类人工智能。

增强叙述

著名未来学家、小说家和计算机科学家拉米兹·纳姆在其于 2005 年出版的《超越人类》（*More Than Human*）一书中描述了增强愿景。在介绍了大容量的大脑、专业工具、艺术、医学和哲学等人类生物和文化进化的非凡成就之后，他思考了接下来会发生什么。他写道："现在，同样的加速变革将以最亲密的方式触及我们——通过赋予我们重塑思想和身体的力量。"激进增强讲述的是一个使用定向进化技术重新创造人类的叙述。纳姆勾勒出一个标准的迷思，他说：

> 我们人类代表着下一个（进化）阶段的转变。从生物学角度说，我们来到这个世界的意义与第一批多细胞生物的到来一样重要。我们不同于这个星球上过去所有的生命形式，就像黑猩猩不同于细菌一样。我们就拥有改变我们自己和我们孩子的身心的力量。我们就拥有指导自身发展的力量，也就是说我们可以选择自己的道路，而不是让大自然盲目选择最擅长自我传播的基因。

著名物理学家加来道雄（Michio Kaku）也阐述了激进增强的基础启示拯救迷思。他说，新人类开创了一个完美的秩序：

　　为什么不增强我们自己呢？在未来，我们将拥有完美的身体，但我们永不衰老。我们将成为我们曾经敬畏的神。我们会像宙斯一样在精神上控制我们周围的物体；我们将像维纳斯一样，拥有完美和不老的身体；我们将像阿波罗一样，拥有可以让我们在天空中轻松飞行的马车，而不需依靠来自外部的能量；我们将像珀加索斯一样，拥有从未出现或已经灭亡的动物。我们今天将如何看待2100年的人类？我们会将他们视为神话中的神。

　　人类转变为后人类超人只是时间问题。社会学家詹姆斯·休斯认为，基因增强可能成为一种道德义务，他说：

　　如果优生学还认为父母和社会有义务为我们的孩子和下一代提供尽可能健康的大脑和身体，那么大多数人都是优生学家。一旦有了安全可靠且有益的基因疗法，父母就会认为他们有义务为孩子提供这些疗法，就像他们有义务为他们的孩子提供良好的教育或医疗一样。

　　进化的必要性为增强叙述提供了依据，包括身体、认知和道德的进步。汉斯·莫拉维克说："迄今为止，我们一直被达尔文进化论的无形之手塑造，而现在，我们可以为自己选择目标并为之努力。"计算机科学家本·戈泽尔写道："我们中的一些人将抛弃我们的身体和大脑，探索存在和互动的新方式。"一直以来，有关惊人的技术突破的报道丰富着基础性增强叙述。一个意大利团队让数十名眼角膜严重烧伤的患者恢复了视力，在迅速发展的细胞治疗领域取得了惊人的成功；一个德国研究小组使用视网膜下的植入物帮助先前失明的患者恢复了部分视力；加州大学伯克利分校和麻省理工学院的科学家们推出了可穿戴的电动机器，即外骨骼，让一些坐轮椅的人能够体验直立行走。能够显著提高士兵力量的军用版本也在开发中。

纳姆等增强支持者认为，这些有益健康的进步必定将为原本就健康和强壮的个体提供增强的智力、更强大的力量和更长的寿命。纳姆认为，科学家是无法在治疗和增强之间划清界限的，因为它们是密不可分的。针对激进增强是非自然的这一说法，纳姆从追求完美人性的迷思视角进行了论证，他说：

> 改变和改善自我的动力是我们人类的基本组成部分，绝不是非自然的。作为一个物种，我们一直在寻找能够变得更快、更强壮、更聪明和更长寿的方法。

面对大自然的蛮力，人类一直在力求进步。纳姆说："我们今天之所以能过上如此舒适和充满潜力的生活，唯一的原因就是，纵观历史，一直有人拒绝接受事物的自然秩序。"

人类理想中的完美并不局限于体力和智力，增强叙述中也包含了我们的道德生活。对伦理学家朱利安·萨弗勒斯库（Julian Savulescu）而言，是时候承认我们人类的不完美，确定我们的道德局限，并采用策略来纠正这些问题了。否则，我们就会被困在一个历经数千年进化的自然中，以确保我们在一个需要侵略的世界中生存。然而今天，正如斯蒂芬·霍金（Stephen Hawking）所说，我们的生存机会可能取决于我们能在多大程度上改变自然，这个在本质上依然停留在 10 万年前的世界中的自然。

制药业的突破性发展展示了另一条道德增强的途径，被称为道德增强剂或道德类固醇的药物已经开始被使用了。谢菲尔德大学（University of Sheffield）的肖恩·斯宾塞（Sean Spence）在《英国精神病学杂志》（*British Journal of Psychiatry*）的一篇文章中写道："在临床环境中，可能已经存在一种微妙的道德援助形式，尽管我们没有选择用这些术语来描述。"他认为，科学应该寻找使人们更人道，而不只是更聪明的药物。他补充说："如果我们问药理学能帮助提高人类的道德水平吗，我们就应该回答'是的'，有时它可以作为达到这个目的的一种手段。"越来越多的伦理学家和医生提倡道德药理学，斯宾塞只是其中一员。此类药物可以专门用于减少个体的攻击性，甚至增加善意。

哲学家约翰·R. 舒克肯定，目前，道德增强的可能性并没有面临深层次的哲学或实践障碍。在向公众介绍道德增强剂时可能需要谨慎一些，但只要道德增强领域不允许其自身对道德增强的类型或程度提出不合理的主张，那么真正的道德增强的发展前景就仍是乐观的。即使是种族主义等棘手的道德问题，也可能受到药物管理的影响。2012 年，牛津大学的一项研究发现，β－受体阻滞剂普萘洛尔（propranolol）可以减少潜意识中的种族主义。英国《每日电讯报》（*The Telegraph*）的医学记者斯蒂芬·亚当斯（Stephen Adams）写道："研究人员发现，与服用安慰剂的人相比，服用普萘洛尔的人在一项用于检测潜意识种族态度的标准测试中的得分明显较低。"研究人员猜测普萘洛尔可以减少种族偏见，因为这种潜意识中的想法是由自主神经系统触发的。

在技术上实现的道德愿景将激发道德辩论。虽然从以道德支撑的药物中获得更大的幸福感可能不会引起太多关注，但其他一些结果肯定会引起关注。萨弗勒斯库、布莱恩·D. 厄普（Brian D. Earp）和安德斯·桑德伯格探讨了使用药物使具有非典型性取向的人"正常化"的伦理问题。他们指出，未来，药物可用于逆转同性恋倾向，并引起人们对于为了改变同性之间的吸引力，爱和性取向的化学基础可能会被药物改变这一观点的担忧。

后人类愿景

当代超人类主义的提出者尼克·博斯特罗姆对超人类主义运动的本质持

乐观态度，他总结说："超人类主义者希望，通过负责任地使用科学、技术和其他合理手段，我们最终将设法成为后人类，拥有比现在的人类强大得多的能力。"他认为，如果增强按照愿景进行，可能就会出现一个新物种：

> 激进增强技术可能使我们或我们的后代成为后人类，这些人可能拥有无限的健康寿命，比任何现有人类都强大的智力，他们也许还有全新的感受力或行为方式，以及控制自己情绪的能力。

后人类迷思对增强倡导者和超人类主义倡导者提出了独特的挑战。虽然在某些情况下，我们很容易想象甚至观察到技术增强的人类，但后人类至今并未出现。此外，"非人类的类人类生物"这一概念引起了公众本能的排斥反应，公众的想象力已经被危险的人工智能、反派机器人和暴力外星人等科幻形象所塑造。因此，一个令人安心的后人类"他者"的愿景是一种战略创作。迈克尔·豪斯凯勒敏锐地指出了后人类愿景与后人类可能实现的潜在现实之间的鸿沟：

> 这其实掩盖了这样一个事实，即我们实际上对成为后人类会是什么样子知之甚少，而且我们无法确定通过激进增强的方法所创造的世界是否会像那些富有想象力的支持者们所描述的那样美好。

玛利纳·瓦勒写道："迷思定义了敌人和异类，在召唤他们时，他们会说出我们是谁以及我们想要什么。迷思还传达了价值观和期望。"后人类的概念会引起对未知和异类的恐惧，因此我们需要用一个令人安心和乐观的叙述来传达一系列积极的期望。后人类呈现出一种乌托邦式的形象，从不完美的状态中寻求完美。与迷思中的任何其他观点相比，超人类主义通过描述后人类，即意识形态产生乌托邦式愿景的观点，来实现其对未来的憧憬。保罗·利科将乌托邦和意识形态置于辩证关系中，他说："乌托邦阻止了意识形态成为幽闭恐怖系统，而意识形态阻止乌托邦成为空洞的幻想。"没有后人类，激进增强的意识形态就是碎片化的马赛克，而不是统一的愿景。

救赎迷思暗示着历史的最终终结，即一个终结的末世时刻。后人类代表了一种解脱，它的智慧如此广阔，它的道德愿景如此崇高，以至于它有能力将世界从错误和有限中解救出来。乌托邦式的后人类迷思有很多种表现形式。纳姆提出了不止一种而是很多种后人类物种的可能性：

> 我们不会选择同样的变化。我们不会都选择相同的前进方向。不同的人、不同的群体、不同的意识形态都会选择不同的目标去努力。我们中的一些人会选择保持现状，而另一些人会选择改变。人类将会扩展、分裂和绽放。

除了引起人们的忧虑，后人类本身并不存在——后人类仍然是一种言论上的发明，一种富有想象力的预测。因此，要使这个备受期待的新人类物种变得生动，或者用法学理论家哈伊姆·佩雷尔曼（Chaim Perelman）的话说，将其"呈现"出来，叙述就是至关重要的。佩雷尔曼解释了"呈现"的策略：

> 演讲者的首要任务之一是仅凭语言的魔力来呈现实际上不存在，但他认为对自己的论点很重要的东西，或者通过使这些东西更多地呈现出来，来增加人们实际上已经意识到的某些要素的价值。

在后人类的叙述中，有关"呈现"的策略比比皆是。纳姆的广阔愿景对后人类的未来充满了诗意的乐观主义，令人着迷。在将现在的人类和未来的后人类世界融合的顿悟中，纳姆消除了听众的恐惧，后人类并不是一个未知的、不可预测的和具有潜在危险的"他者"：

在某个时刻，100 年、1000 年或 100 万年后，我们的世界，或许我们宇宙的这个角落，将居住着我们可能不认识的后代。然而，他们会像我们一样去思考、去爱、去梦想更美好的明天，并努力实现它们。他们将拥有我们最珍视的特质，他们的不同之处也是我们无法想象的。

在推进后人类的可能性方面，博斯特罗姆可能比其他任何作家都更具影响力。他在人类的能力和后人类的能力之间建立起了联系：

> 我将后人类定义为至少具有一种后人类能力的生物。我所谓的"后人类的能力"是指在不借助新技术手段的情况下，远远超过当前任何人类所能达到的最大极限的一般核心能力。

后人类的能力包括健康期——在精神和身体上保持完全健康、积极和富有成效的能力以及认知能力。认知能力包括一般智力能力（如记忆力、演绎推理和类比推理能力、注意力）以及特殊能力（如理解和欣赏音乐、幽默、叙述、灵性、数学等方面的能力）。还包括情感，或享受生活以及对生活环境和他人做出适当反应的能力。

为了创建后人类的"呈现"，博斯特罗姆将读者置于一个新增强的人的角色中：这个新的人经历了什么？后人类的生活是什么样的？居住在后人类的身体里是什么感觉？博斯特罗姆的叙述首先关注一般因素，如健康、年轻的身体和清醒的头脑：

> 让我们假设，你将发展成为具有后人类健康期以及后人类认知和情感能力的人。在这个过程的早期阶段，你将享受增强的能力。你珍惜你得到改善的健康状况：你感觉更强壮、更有活力，也更加平衡了；你的皮肤看起来更年轻，更有弹性；你膝盖上的小毛病也痊愈了；你还会发现自己的头脑变得更清醒了；你可以更轻松地专注于解决难题，而这似

乎对你更有意义了；你开始看到以前你所看不到的事物之间的联系。

在这种描述中，作为后人类的"你"是一个孤独的英雄，是一个虽然不在群体的环境中，但享受着新力量的孤立实体。这就是《科学怪人》中的怪物和文学作品中其他后人类的困境。

认知能力的提高将使人们对所珍视的信念产生怀疑，你会惊讶地发现，你从未真正思考过你所持有的那些信念，也从未考虑过是否有足够的证据支持它们。作为后人类的你在精神上更敏锐也就不奇怪了，你可以在不失去立足点的情况下，沿着你的思路走得更远。你的大脑能够在你需要的时候回忆起事实、名称和概念。

纳姆的叙述甚至延伸到了后人类的社交技巧，他说："你可以在谈话中加入一些俏皮话和轶事，而你的朋友都说和你在一起会更有趣。"尽管这种发展暗示着必然性，但后人类同样可能会威胁到原始版本的人类。不管后人类在社交环境中的表现如何，他们都将享受到更丰富的感官和艺术体验。他说："你的经历似乎更生动了。当你听音乐时，你会感受到层次结构和一种你之前没有注意到的音乐逻辑，这将给你带来很大的快乐。"虽然后人类的概念本身并不包含任何理解力，但博斯特罗姆却认为后人类的品位将变得更加精致，他说："你将继续认为你之前读的八卦杂志很有趣，尽管这种有趣与之前有所不同；而你也将发现你能够从阅读普鲁斯特（Proust）的作品和《自然》（Nature）杂志中有更多的收获。"

最后，博斯特罗姆建议后人类要更加注重情感平衡："你将开始珍惜生命中的每一刻；你将带着热情去做事；你将因你所爱的人感受到更深的温暖和关爱。但依然有些情况可能会使你感到沮丧，甚至愤怒，而这些情况的出现是有原因和带有建设性的。"读者将后人类愿景视为生活经验来体验。博斯特罗姆创造了一种生动且富有想象力的体验，使原本难以捉摸的后人类得以真实呈现。

这些对后人类可能性的表述明显有着不可否认的信心和充分的理由。后人类是三个超人类主义基本假设的逻辑的必要延伸：（1）人类将掌控自己的进化；（2）随着时间的推移，这种技术导向的过程将产生不再被称为人类的生物；（3）后人类将比智人聪明得多，因此终有一天会取代我们，成为一个新的物种。人们没必要为这种进步感到遗憾，它只是进化和技术命运的安排，因为看似不祥的阴云也伴随着一线光明：后人类将解决贫困、疾病、战争和气候破坏等长期存在的问题。我们需要他们，尽管他们可能会认为不需要我们。增强运动的一些参与者认为，一些哲学问题是如此复杂，以至于除非我们开发出足够聪明的思维（无论是后人类的还是人工的）来解决它们，否则它们根本不会屈服。

必然性是纳姆、博斯特罗姆、加来道雄等人所描述的后人类迷思的特征。在这方面，它与其他迷思一样。玛利纳·瓦勒指出，罗兰·巴特揭示了迷思学的永恒和必要的特质，指出了该类型的偶然性和言论适应性：

> 巴特的基本原则是，迷思不是永恒的真理，而是历史的混合物。它们成功地掩盖了自身的偶然性、变化性和短暂性，使它们所讲述的叙述看起来好像无法以其他方式讲述，使事情总是这样，而且永远这样。

虽然后人类愿景是技术未来主义迷思的必要延伸，但这种想象有时会产生更多奇怪的叙述。博斯特罗姆以推广模拟假说（simulation hypothesis）而闻名：我们存在于正在研究其祖先的未来的后人类所运行的计算机模拟中。他提出了这个观点的神学性质。在模拟假说和世界的宗教观念之间可以进行一些松散的类比。博斯特罗姆的假说与宗教创世迷思相似，而且与其他创世记述一样，他的叙述在两个独立的时间框架内同时进行。通过将当前生活的世界与后人类的未来结合起来，博斯特罗姆的假说反映了一种迷思般的顿悟：在某些方面，运行模拟的后人类与居住在模拟中的人类的关系就像神与人的关系。具体来说，后人类创造了我们所看到的世界；他们智力超群；他们是全能的，因为他们可以干涉我们世界的运作，即使是以违反其规律的方式；他们是全知（omniscient）的，因为他们可以监控发生的一切事情。

一开始简单的后人类叙述——高度进化的人类具有如此独特的品质，以至于使他们成为一个新的物种，逐渐发展成为一种解释了人类起源及其与超自然世界关系的起源迷思。我们是高级生物的创造物，这些高级生物对我们对其构造的回应很感兴趣。如果我们将博斯特罗姆和尼古拉·费多罗夫、德日进甚至朱利安·索雷尔·赫胥黎放在一起，那么这种明显带有宗教色彩的叙述的出现就与技术未来主义的迷思传统是一致的。

回应

增强迷思认为，人机融合、基因改造技术的巨大改进、纳米技术和日益复杂的药物将使增强成为必然。以完美人类的叙述为指导的增强技术将产生后人类。这个愿景在增强运动中是神圣的，是一种精神顿悟，它的实现取决于我们有意识的合作。例如，生物技术企业家格雷戈里·斯托克写道：

> 在将我们自己视为潜在转化的容器时，我们正在屈从于一双使我们每个人都相形见绌的塑造之手。从精神的角度来看，人类自我进化的计划是我们的科学和我们自己作为不断出现的宇宙工具的终极体现。

虽然叙述并不能决定结果，但叙述在塑造这样一个愿景、暗示价值观和期望方面发挥着至关重要的作用。我们可能会注意到，后人类的迷思挑战了一些关于本质概念和物种稳定性的相当强大的现存迷思。早在 1969 年，分子生物学家罗伯特·辛斯海默（Robert Sinsheimer）就写道：

> 有史以来第一次，一个生物了解了自己的起源，并可以着手设计自己的未来。即使在古代神话中，人也将受到本质的束缚。他无法超越自己的本性来规划自己的命运。今天，我们可以预见这种机会，以及它的选择和责任的黑暗面。

米奇利评论说，在改变人类基因组以完善人类的建议中存在的风险是物种的概念。她写道："迄今为止，我们都认为应该非常认真地对待这个概念，应该尊重物种的界限。甚至我们的迷思也对嵌合体，如蛇发女妖或牛头怪等混合物种提出警告。它们通常被视为异类和破坏性力量。"这就是迷思与迷思之间的冲突，即为了提出一个通向后人类的研究方案的逻各斯，一个新的基础迷思是必要的。

后人类代表了一种理想模式的典型存在，一种我们永远无法成为但可能创造的愿景。古典哲学创始人伊曼努尔·康德（Immanuel Kant）写道："尽管我们永远无法达到预想中的完美，但我们的行为没有其他标准，我们只能与我们内心中那个神圣的人进行比较和判断，然后改进自己。"这种对完美人类的内在意识引导着后人类迷思。支持者和批评者都认识到这个愿景对于未来超人类主义言论的核心意义。批评者很快就指出了与这个愿景相关的伦理、形而上学和政治问题。

哈瓦·提罗什 – 萨缪尔森指出："人类现在不仅能够重新设计自己以摆脱各种限制，而且还能够重新设计后代，从而影响进化进程本身。"而这一切的终点是人类进化的一个新的后人类阶段。那时，人类将活得更久，将拥有新的身体和认知能力，并将从衰老和疾病所带来的痛苦和折磨中解脱出来。因此，自然无法企及的东西，科学可能会让所有人都得到，或者说，当代关于增强的论点表明了这一点。

> 我们不再需要等待和希望大自然的偶然行为会顺其自然地发生；科技为我们提供了更高的生存水平、更好的生活，以及也许是新的人类物种的可能性。人类的命运是控制我们自己的进化，并引导它走向我们自己选择的目标。

杰弗里·毕肖普认为，后人类的愿望让技术扮演了神圣创造力的角色。被毕肖普称为有序力量的技术力量指向一个新的目标，即后人类这个最高的存在，也许甚至是作为一种纯粹的精神力量的奇点本身。后人类不仅仅是一个重新排序的智人，一个更好的人类，还是一个神圣的人类。这样的实体将代表定向进化的顶峰。毕肖普写道："超人类主义的形而上学信念是，我们人类正处于从人类到后人类的进化过程中。那些足够智慧和聪明的人能够看到并理解人类的短暂性，因此他们是过渡的人类。"超人类主义寻求有序的进化，这是迷思施加结构和秩序的一个基本功能。

尽管他们表示反对，但这些超人类主义哲学家的神是将创造力赋予一个新存在的神，一个新的神，也就是说赋予一个后人类的神。他们不是在帮助人类，而是在有意识地时刻转向控制，转向掌握。超人类主义试图以不同方式体现超人说（Übermensch）。然而，毕肖普指出：

> 质疑后人类的未来就是质疑进化论和有科学依据的本体论；质疑后人类的未来就是质疑我们成为我们想要成为的人的自由；质疑后人类的未来就是质疑启蒙运动、自由主义甚至人文主义所产生的所有好处。

历史学家弗朗西斯·福山（Francis Fukuyama）对后人类愿景提出的批评经常被引用，他称其为当今世界上最危险的想法。福山的担忧主要是政治性的，尽管他设想了许多与基本概念相关的问题。尽管他指出超人类主义者无非是想将人类从其生物束缚中解放出来，但他并不认为这种可能性是难以置信的。福山问道："超人类主义的基本信条，即我们终有一天将利用生物技术让自己变得更强大、更聪明、更不易遭受暴力、更长寿，是否真的那么荒诞？"事实上，福山认为某种超人类主义已经隐含在当代生物医学的许多研究议程中。他认识到超人类主义者最基本愿景的内在吸引力，他说："如果技术上可行，为什么我们不想超越我们目前的物种呢？"然而，激进增强可能会让我们付出可怕的道德代价，而超人类主义的第一个受害者可能是平等。具体来说，后人类的愿景提出了谁有资格成为完整的人类这一问题，而这种分类经常受到质疑。实际上，我们在人类周围画了一条红线，并说这是神圣不可侵犯的。

人权更深层次的假设是，我们都拥有一种人类本质，它使人在肤色、外表甚至智力方面的差异都相形见绌。福山写道："这种本质，以及个体因此具有内在价值的观点是政治自由主义的核心。然而，改变这种本质是超人类主义项目的核心。"福山对潜在的不平等感到担忧。例如，如果有些人前进了，谁能承担得起不跟随的代价呢？在世界上较贫困的国家，生物技术的奇迹可能遥不可及，而且对平等观念的威胁将变得更加令人生畏。

超人类主义者乐于抛弃他们身边有限的、终将死亡的、自然的生物，转而支持更好的东西，但他们真的了解人类的终极利益吗？福山担心，改变我们的任何一个关键特征都不可避免地需要改变一系列复杂且相互关联的特征，我们永远无法预测最终结果。当我们思考后人类的愿景时，会想到一个较早的版本。尽管博斯特罗姆和纳姆等作家对相关叙述预测充满信心，但没有人知道人类的自我改造会出现什么样的技术可能性。福山写道，我们已经在要如何利用处方药物来改变孩子的行为和性格方面看到了普罗米修斯的欲望的萌动。而且，环保运动教会了我们谦卑和尊重非人类自然的完整性。对我们的人性而言，我们也需要同样的谦卑。如果我们不尽快培养这种谦卑，我们可能就会在不知不觉中邀请超人类主义者用他们的基因推土机和精神药物商店来伤害人类。

提罗什－萨缪尔森、福山和毕肖普的担忧对超人类主义迷思的核心提出了挑战。如果没有后人类的愿景，定向进化、大脑增强和寿命延长就仅仅是增强，关于技术变革力量的说法也失去了一些力量。因此，后人类为超人类主义的设想注入了活力，地平线上的英雄正在召唤我们去追求变革的愿景。然而，后人类的到来意味着智人的过时；人类时代将以后人类启示的胜利告终。面对这种可能性——被超人类主义者中的许多人视为可喜的发展——我们必须提醒自己，后人类迷思仍然存在，这并不是一种不可避免的超验预言，而是一种战略性的言论结构。

延长生命，终结死亡

即使需要花费 100 年的时间来制造必要的纳米机器人，复活和修复冷冻的死者也终将成为可能。

詹姆斯·休斯

对库兹韦尔而言，将我们自己上传至人造机器中是超人类主义的精神目标，因为它承诺了超越，甚至永生。

哈瓦·提罗什 – 萨缪尔森

死亡啊，你的胜利在哪里？死亡啊，你的毒刺在哪里？

圣保罗（St. Paul）

由企业家和人工智能学者玛蒂娜·罗斯布莱特领导的特雷塞运动公司（Terasem Movement Inc.）的既定目标是保存、唤起、恢复和下载人类意识。特雷塞是这个领域几个日益知名的组织之一，其他组织还包括抗衰老战略工程研究基金会和玛士撒拉基金会等，它们都旨在培养公众对抗衰老战略工程延长寿命的兴趣。2013 年，谷歌成立了 Calico 公司（California Life Company），正式进入了生命延长行业，旨在投资解决老龄化进程的研究和技术。特雷塞后来已更名为特雷塞信仰（Terasem Faith），其核心信念包括死亡是可选的，其他主要的技术问题也与抗衰老研究有关。

历史学家卡罗尔·哈伯（Carole Haber）指出，对延长寿命的方法的正式讨论至少可以追溯到 16 世纪。早在文艺复兴时期，就有人提倡用系统的方法来达到长寿的目的。其中最有影响力的一位倡导者是意大利贵族路易吉·科尔纳罗（Luigi Cornaro），他于 1550 年撰写了《长寿的艺术》（*The Art of Living Long*）一书。这部作品被翻译成英语、法语、荷兰语和德语，并成为长寿倡导者的圣经，他们声称长寿和健康的生活是非常可能实现的。科尔纳罗的书在整个 19 世纪都很畅销。他在研究中认为，人不是注定要在 60 岁或 70 岁时死去的，只要有精心的照顾和良好的体质，人就可以长寿。他概述了保存生命能量的技术，这些能量使生命得以延续，却会随着年龄的增长而慢慢消退。在那个平均寿命较短的年代，科尔纳罗活到了 98 岁。

18 世纪，法国启蒙运动时期最杰出的代表之一马奎斯·孔多塞（Marquis de Condorcet）断言，尽管生物机体会随着时间的推移而自然衰老，但营养学、卫生学、医学和其他科学的进步必将延长人类生存的时间，使人类更健康、身体更强健。孔多塞在其对未来的叙述中设想了消除死亡。18世纪末，他写道：

> 假设人类物种的质量改善是可以无限进步的，这是荒谬的吗？假设某一天一定会到来，那时死亡只是意外事故或生命力缓慢而逐渐衰减的结果；而中间的持续时间，即人类的诞生和这种衰亡的间隔，本身将没有可指定的限制。

一个世纪后，俄罗斯宇宙主义者尼古拉·罗日科夫（Nikolai Rozhkov）设想了永生的后代，并预言死者可以被科学地复活。他的导师尼古拉·费多罗夫和康斯坦丁·齐奥尔科夫斯基通过全球范围的技术合作，传播了将过去几代人大规模复活的迷思。作为对该项目的贡献，齐奥尔科夫斯基提出了第一个现代火箭理论。逻各斯随着迷思产生——在费多罗夫的普遍复活迷思中，定位死者的分子元素需要探索太空。费多罗夫通过参考基督教关于历史结束时普遍复活的叙述来证明这一愿景。

科幻作家是技术不朽迷思的早期支持者。例如，尼尔·P.琼斯（Neil P. Jones）于1931年出版了《詹姆森卫星》（*The Jameson Satellite*）一书。在书中，詹姆森教授得知他即将死亡的消息后制造了一艘宇宙飞船，目的是将他的身体发射到太空中。数百万年后，被称为 Zorome 的外星人发现詹姆森的冰冻遗骸仍在宇宙深渊中漂流。弗雷德里克·波尔（Frederik Pohl）和汉斯·莫拉维克讲述了这个叙述：

> Zorome 通过手术将大脑从冷冻尸体中取出，将其解冻并植入一个类似面包盒的机器人中，这个机器人身上有触手状的金属手臂和腿。然后，这位教授被他的新 Zorome 朋友改名为 21MM392，并继续在太空中进行无尽的冒险。

技术不朽的迷思是增强和超人类主义者言论的核心，并随着时间的推移、科学的突破和社会环境的变化而发展。死亡不再是人类的死刑，正如肯尼斯·伯克在其《宗教言论学》（*Rhetoric of Religion*）一书中所述；在增强叙述中，死亡不是一个精神问题，而是一个技术问题。在探讨信息人迷思的过程中，我们在第 6 章中讨论了数字化永生的前景，本章将探讨关于生物人和身体死亡发展的技术不朽的叙述。与将死亡、复活和永生与精神生活直接联系起来的宗教叙述截然不同，技术不朽的叙述使所有这些考虑都只是物质问题，而只能通过超验方法来解决。

诺思洛普·弗莱认为，迷思揭示了永恒和不可侵犯的本质与侵犯的时间条件之间的张力。迷思中具有讽刺意味的双重性格的代表人物是亚当——被判处死刑的人性。在这种叙述张力中，一位悲剧英雄拿起武器对抗大自然的无情力量，并通过他的牺牲将人类提升至天堂。在技术不朽的迷思中，增强主义者就是这样的悲剧英雄，他们寻求弥合死亡的自然法则与人类实现持续繁荣的超验愿望之间的鸿沟。对玛利纳·瓦勒而言，迷思是一种理解普遍事物的意义的方式。没有什么比死亡更普遍了，这在不死的技术未来的预期迷思中变得合理起来。在没有永生的承诺的情况下，激进增强的愿景具有致命的偶然性，并沦为又一次试图使寿命更长、生活更愉快的尝试。然而，随着对永恒的意识存在的信念的呼吁，超人类主义叙述呈现出救赎叙述、福音的积极紧迫性。永生迷思正沿着以下三条截然不同的路线发展。

保存 / 恢复的迷思

关于保存 / 恢复的叙述吸引了最多的公众关注，它们也许是所有技术不朽迷思中历史最悠久的。冷冻或以其他方式保存死者（或者可能只是其大脑）的叙述在增强圈中得到了很多关注，但也被圈外的人的讽刺和嘲笑。这种叙述的基本前提非常简单，并且与进步的迷思和信息人相辅相成：冻结或以其他方式保存死者，后代应用不可避免的技术进步的洞察将其复活和恢复，或者将其神经回路植入一台机器中。

虽然 PayPal 的负责人彼得·蒂尔（Peter Thiel）认为这种说法很有说服力，甚至提议将低温储存作为一种员工福利，但目前尚没有成功复苏和恢复的案例。在对历史学家弗朗西斯·福山的一次采访中，蒂尔将通过技术延长寿命称为西方科学长期传奇的巅峰。他认为，我们若将长寿作为目标就是放弃进步：

> 退一步讲，整个长寿研究计划是西方科学项目的高潮。它是弗朗西斯·培根的《新大西岛》中的一部分，并在过去 400 多年的科学研究中反复出现。我认为，我们不能在不完全放弃技术进步的情况下放弃或探索长寿，因为它们之间的联系太紧密了。

蒂尔的观点反映了永生迷思在当代技术未来主义话语中的中心地位。

关于保存的叙述可以追溯至古代的木乃伊制作。作为恢复物质生命的一种手段，19 世纪，宇宙主义者建议保存尸体。到了 20 世纪 20 年代，这个想法在科学界和科幻小说界有了重要的支持者。正如爱尔兰科学家贝尔纳在 1929 年确认，大脑是人的主体。因此，冷冻后再复苏的大脑可能与保存完整的身体一样好，而且实现起来可能要容易得多。琼斯的《詹姆森卫星》一书提醒我们，人体冷冻是战胜死亡的早期技术梦想之一。他已经预料到了叙述主线，即当先进的技术允许身体修复或意识转移时，冷冻死者将使以后的复苏成为可能。

人体冷冻技术的实践可以追溯到物理学家罗伯特·埃廷格（Robert Ettinger）。他从小就是琼斯的粉丝，也是永生者协会（Immortalist Society）和人体冷冻研究所（Cryonics Institute）的创始人。他在《永生的期盼》（*The Prospect of Immortality*）一书中提出了一个矛盾：死亡并不一定意味着生命的终结。作家艾萨克·阿西莫夫（Isaac Asimov）对这本书中的观点表示赞同，引发了对埃廷格挑衅性观点的大量讨论。埃廷格通过技术进步预见并塑造了超越的迷思，他写道："如果文明永存，医学最终应该能够修复对人体的几乎所有损伤，包括冻伤、衰老或其他死亡原因。"尽管他的技术很原始，并且在法律上模棱两可，但他和他组织的成员确实冷冻了数百名死者。他在其 1972 年的著作《凡人与超人》（*Man into Superman*）中扩展了对永生的叙述，并将自己称为未来主义哲学的早期支持者，这种哲学后来成为超人类主义。他的大胆迷思打开了一个通往新世界的大门，这个世界超越了我们现实世界的既定界限。

技术不朽的迷思产生了人体冷冻技术实践的逻各斯。如今，由超人类主义创始人马克斯·莫尔领导的阿尔科生命延续基金（Alcor Life Extension Foundation）等组织向公众提供更复杂的人体冷冻服务，但需要收取费用。阿尔科生命延续基金会将其冷冻保存的客户视为合法死亡，但生物学上还活着的生命。全身冷冻的保存费用约为 20 万美元，而神经冷冻（只选择冷冻保存头部）的费用约为 8 万美元。

在 2014 年的一次采访中，莫尔承认了这个过程中涉及的技术难题，以及公众对这种理念的保留态度。

　　人体冷冻这个概念特别难传播，因为它很复杂。你必须查看证据，并考虑死亡，而这会引起很多人的不适。更糟糕的是，我们并没有给人们一个令人满意和欣慰的答案。我们不会像宗教那样说："哦，加入我们，我们保证会带你回来。"我们无法提供保证，因为这取决于你的保存情况以及一些将来才会被研发出来的技术。

莫尔还谈到了关于修复技术远远落后于保存技术的事实：

> 就复活而言，我们还有很长的路要走。（阿尔科）并没有在这个方向上进行大量研究，因为关于我们能做什么其实是有很多限制的。有一家我不想提及太多的初创企业正在做这件事，他们试图培养组织和器官。再生医学的整个领域与我们正在做的事情息息相关。

冷冻保存仍然是一种相对罕见的做法，截至 2014 年，阿尔科总共列出了 123 名参与者。而脑保存基金会（Brain Preservation Foundation）的肯·海沃斯（Ken Hayworth）和约翰·斯马特（John Smart）则走了一条不同的保存路径，他们支持贝尔纳的大脑是人的主体的观点。他们提倡生物塑化，即在人死亡的那一刻给大脑注射树脂。与其他保存方法一样，这种技术假设个性（被理解为信息人）可以从保存的大脑中提取出来。这一结果要求在保存过程中能够避免对大脑造成损伤。对此，海沃斯和斯马特很有信心，他们说："可以从塑化的大脑中提取出思维吗？我们几乎可以肯定地说，是的。"海沃思曾经提出过一种可以长期（超过 100 年）可靠且明确地保留人脑的精确神经回路的手术方案。他认为如果该方案能够取得进展，就将为感兴趣的人提供一种可以战胜死亡并到达遥远未来的方法。因此，这种技术不朽迷思的变体引入了形而上学的意义——避免死亡并到达未来。

斯马特和海沃斯已经制订了一个在个体死亡时对大脑进行可塑保存的计划，这是产生了实践的逻各斯的叙述迷思的一个例子。尽管贝尔纳坚持认为大脑才是最重要的，但很少有人认为保存完好的大脑是一个完整的人。对弗莱而言，迷思使这样的梦想看似合理，因此可以被社会觉醒的意识所接受。

斯马特和海沃斯的提议取决于其对进步和信息人的叙述的合理性：保存在塑化大脑神经网络中的数据最终将被上传至计算机或合成体内。塑化的大脑本身并没有复活，它只是一种保存可以在机器中被模仿的回路（即信息）的方法。

大脑保存基金会称，大脑保存所需的技术非常简单：

> 从医学和技术角度来看，大脑保存所需要的只是开发一种外科手术程序，用一系列固定剂和塑料树脂灌注人的循环系统，这些固定剂和塑料树脂能够将他们大脑的神经回路完美地保存在一个可长期储存的塑化块中。

在迷思般的顿悟中，保存完好的人进入了一个介于生者和逝者之间的境界。在无梦的长眠中超越时间，他们需要等待数十年或数百年，等待有人开发出令他们复活的先进技术。如果一切都按计划进行，他们醒来时就将迎来具有无限潜力的新曙光。

基金会的目标是让每个人都有权体验未来几个世纪的生活，而不用再担心衰老和残酷的疾病会夺走他们的生活乐趣，使他们成为亲人的负担或失去自己的生命或尊严。与超人类主义的愿景一致，该基金会申明："我们的科学和医学界今天有能力创造那样的世界。"迷思已经产生了逻各斯：脑保存基金会提出了一项权利法案，来保护那些选择使用保存技术的人。该法案的绪论用一种强势的语言暗示了迷思的力量：

> 这是一份需求清单，或者可能是对战斗的号召。这就是我认为那些相信思维上传的人应该推动的——一个他们和他们所爱之人有合理的机会到达未来的社会，实现这一目标的主要障碍是真正的技术障碍，而不是无知者和迷信者所强加的法律障碍。

被保存的人拥有的权利包括高质量和免受损害的长期储存，且不会因资金不足而失去其保存权和恢复权。他们在货币和其他资产方面的权利也应得到保障，以便个体在成功复活后收回。斯马特和海沃斯认为，这种技术可能会在 50 年内出现并可用。斯马特在技术不朽中发现了一个非常值得为之奋斗的未来。然而，这种对未来的特定迷思愿景的坚持让人想起了完美主义逻辑的危险性。

奥布里·德·格雷与抗衰老之战

根据托马斯·斯特尔那斯·艾略特的说法，詹姆斯·乔伊斯揭示了迷思是如何控制、命令、塑造并赋予我们在当代历史中遇到的徒劳和无政府状态的巨大全景以意义的。对科学家奥布里·德·格雷而言，死亡是一种无序。他是一位超人类主义的支持者，已经宣布可以用生物技术对抗衰老。德·格雷塑造了一种关于死亡和永生的新叙述，旨在取代滋养衰老文化的无序思想。保存叙述中的旁门左道吸引了媒体的关注；正统的生物技术方法显得很低调，尽管它符合植根于医学史的公众期望。

有希望延长寿命的方法提高了公众的期望。这些方法包括加利福尼亚大学开展的基因工程酵母菌的研究，这种酵母菌的寿命是正常的十倍。通过删除酵母基因组中的两个基因并对其饮食进行热量限制，瓦尔特·隆戈（Valter Longo）博士发现了一种酵母菌菌株，该菌株可以存活 10 周，而通常，酵母菌最长存活一周。如果转化到人类领域，这将使人们活到 800 岁或更久。"我们正在为重新规划健康生活奠定基础，"隆戈补充说，"我认为任何生命体的生命都没有上限。"

另一种极具前景的延长寿命的方法是增强蛋白质端粒酶（端粒酶是一种固定染色体末端的黏合剂）。随着年龄的增长，端粒酶会分解，导致染色体退化、细胞死亡，从而导致最终死亡。一种延长寿命的理论与提高身体的端粒酶水平有关。位于马德里的西班牙国家癌症研究中心（Spanish National Cancer Centre）的一个研究小组在老鼠身上测试了这个理论，发现那些经过基因工程改造的老鼠能产生 10 倍于正常水平的端粒酶，它们的寿命也比正常老鼠长 50%。研究小组负责人玛丽亚·布拉斯科（Maria Blasco）称，端粒酶能够将正常的、终将死亡的细胞转化为永生细胞。她补充说，她对类似的方法最终可能会延长人类的寿命持乐观态度，尽管她建议谨慎行事。她说："我们可以延缓老鼠的衰老并延长它们的寿命，但我认为很难用老鼠的衰老数据来推测人类衰老。"

还有一种强化技术不朽叙述的生物技术方法与基因操纵有关。研究人员部分逆转了小鼠与年龄相关的退化，这一成就展示了一种治疗人类类似疾病的新方法。波士顿丹娜法伯癌症研究院（Dana–Farber Cancer Institute）的研究人员增强了一种基因，这种基因反过来逆转了早衰小鼠的脑部疾病，并恢复了它们的嗅觉和生育能力。这个实验表明，动物身上一些与年龄相关的问题实际上已经被逆转了。研究人员罗纳德·德皮尼奥（Ronald DePinho）解释说："这些老鼠相当于 80 岁的人类，并且即将离世。"但随着研究的推进，它们在生理上相当于年轻的成年人。其他抗衰老的生物技术也显示出前景，如提高细胞活力的药物、延缓衰老过程的基因干预，甚至使用纳米机器人来修复受损的细胞，以及将抗癌药物直接递送至肿瘤。

德·格雷是应用生物技术方法来彻底延长寿命的主要倡导者。作为抗衰老战略工程研究基金会的创始人，他在很多出版物上和公开场合中宣扬了从根本上延长寿命的愿景。作为一名受过培训的计算机科学家和自学成才的生物学家，德·格雷是《抗衰老研究》（*Rejuvenation Research*）杂志的编辑、奇点研究所的顾问，也是《线粒体自由基衰老理论》（*The Mitochondrial Free Radical Theory of Aging*）和《终结衰老》（*Ending Aging*）的作者。在德·格雷对延长寿命迷思的演绎中，第一个 1000 岁的人可能只比第一个 150 岁的人年轻 20 岁，而现在，可能已经有人可以活到 150 岁了。迷思定义了敌人和异类。在德·格雷的叙述中，死亡是异类，是攻击我们身心的敌人，是我们可以用生物技术打败的敌人。

根据抗衰老战略工程基金会的协议，德·格雷确定了七个导致衰老的生物学原因，其中包括染色体突变、细胞内外的有害聚集物、细胞损失和细胞老化以及干细胞的枯竭等。正如德·格雷所讲述的衰老叙述，生物的死亡不是因为基因编码的衰老机制或神的审判，而是与年龄相关的细胞损伤累积的结果。因此，他主张采用特定的策略来预防和修复细胞损伤。死亡也源于对理性面对衰老过程的心理和文化抗拒，德·格雷将此称为"衰老恐惧"，这是一个不可避免的死亡的文化迷思。

《终结衰老》是一部对话式作品，围绕着一系列生动的隐喻和简单的情节展开。德·格雷的叙述直截了当，引人入胜，包括生动的隐喻、醒目的短语，并清晰地描绘了主角及其对手。残留在体内的死细胞是僵尸，清除细胞中堆积的碎屑是打破衰老的桎梏，而衰老恐惧是抗衰老战争需要战胜的一种理性的非理性。德·格雷是一位自觉的迷思作家，他的战争既是一场科学之战，也是一场言论之战，而公众的思想才是他真正的战场。衰老恐惧的心理只有当其对理性的诉求变得无法承受大多数人都能理解的那种简单攻击时才会结束。类似于大规模宗教转变的事情必须发生，因为科学在真正意义上是一种新的宗教：个别科学家所说的可以被怀疑，但公众的科学共识是福音。

如前所述，进步的叙述是保存叙述的基础；冷冻和塑化方法在医学研究中取得了巨大和不可阻挡的进步。然而，德·格雷的叙述表明，改善衰老恐惧状态并接受在他看来很容易实现的死亡预防策略将减少对冷冻死者等危险程序的需求。尽管他的观点受到了知名生物学家和老年医学专家的谴责，但他在增强支持者中仍得到广泛支持，并经常在超人类主义活动中发表演讲。他的名字现在就等同于终结衰老的生物技术方法。

关于克隆技术的叙述

克隆复制是技术不朽迷思的第三条支线。与其他叙述分支一样，克隆叙述也预示着一个技术进步战胜身体限制的未来。1996 年，罗斯林研究所（Roslin Institute）的伊恩·维尔穆特（Ian Wilmut）和基思·坎贝尔（Keith Campbell）克隆了绵羊多利，引起了公众的想象。早在 30 年前，人们就已经成功地用青蛙进行了克隆试验。尼古拉斯·阿加尔指出，这种方法很快被霍尔丹等进步科学家所采用，尽管它是一种优生学方法，而不是一种永生方法。霍尔丹在其叙述中加入了优生转向，他建议复制人类之中最有才华的人。他认为，在大多数情况下，明智的做法是等到候选人 50 多岁时再复制，以确保他们的基因组确实值得复制。

对霍尔丹而言，克隆技术可能极大地提高了人类取得成就的可能性。克隆技术的启示愿景承诺了无性繁殖的无尽生命，也就是说，完全存在另一种存在方式，将在当前的时间和空间之外实现。

克隆叙述带有一种隐秘和令人不安的诡异，与固有的道德标准存在矛盾，这使其成为科幻小说的常见主题。正如各种乌托邦和反乌托邦电影和小说所反映的那样，这种技术已经有了自己的迷思生活。《巴西来的男孩》（*The Boys from Brazil*）、《逃出克隆岛》（*The Island*）、《蓝图》（*Blueprint*）、《月球》

（*Moon*）、《别让我走》（*Never Let Me Go*）以及许多其他流行叙述都涉及克隆问题。这些作品让公众熟悉了克隆的概念，但也可能使克隆是否代表着永生之路这一问题变得令人困惑。

回应

对维柯而言，迷思预示着所有的人类行为和制度，包括我们应对衰老、死亡和超越死亡的生命的庞大文化体系。通过迷思，我们创造了我们居住的世界的这一部分。对库普而言，迷思就像魔法一样在原始社会中发挥作用，使一种能够解决资源稀缺甚至死亡威胁等无法容忍的问题的凝聚力文化成为可能。在传统的神圣叙述中，死亡属于现在的世界，永生属于未来的世界。本章中介绍的增强和超人类主义作家挑战了早期迷思体系中富有想象力的模式，提出了一个通过保存、抗衰老和克隆来实现世俗永生的新迷思。在这些新的迷思中，我们遇到了利科对前所未有的世界的揭示，打开了通往其他可能世界的大门，这些世界超越了我们现实世界的既定界限。

雷·库兹韦尔预测，到 21 世纪 40 年代，我们将能够无限期地活着而不会衰老。他支持我们将能够转移一个人的全部个性、记忆、技能和经历的观点。就像一个多世纪前的俄罗斯宇宙主义者所写的，库兹韦尔的愿景在范围上是关乎宇宙的，在本质上其实是一种迷思。记者迈克·霍奇金森（Mike Hodgkinson）捕捉到了库兹韦尔的愿景，他说："人类和非生物机器将有效结合，它们之间的差异将不再重要。在那之后，人类将更有智慧，大约在 2045 年左右开始向外扩展到宇宙中。"对库兹韦尔而言，这种向非生物智能的必然发展本质上是一项精神事业。

技术界的一些人士对技术征服死亡的迷思及其可能产生的法律和实践逻各斯感到担忧。例如，计算机科学家杰伦·拉尼尔提出了一个与使用技术消灭衰老相关的主要伦理问题——技术的公平分配。他写道："医学即将掌握一些衰老的基本机制，人们财富的巨大差异将转化为预期寿命的巨大差异。"

超人类主义批判家和宗教学者提罗什–萨缪尔森对技术不朽的迷思有不同的观点。她认为，消除痛苦和死亡的梦想忽略了不安全感、焦虑和不确定性的价值，它们都是人类的重要组成部分。对她而言，如果没有这些所谓的"人性的消极方面"，人类文化（特别是艺术和哲学）就不可能有今天的成就。如果彻底消除了痛苦、偶然性和死亡，那么创造力的源泉是什么？超人类对完美的追求无视了文化深度和创造力的重要性，是一种幼稚而肤浅的方法。

哲学家迈克尔·豪斯凯勒发现，超人类主义的永生叙述植根于目的论叙述，这种叙述将人类视为注定要长生不老的生物。这种观点遵循了经典的亚里士多德式叙述：橡子将努力长成一棵橡树。我们可以肯定，这同样适用于人类从凡人到永生的预期转变。这只是学习成为我们一直注定要成为的那种人的问题。重大的道德和实践问题一直存在于我们对永生的技术追求中，但这些问题的存在并没有浇灭我们的热情。无论我们的本性是否注定我们会这样做，一个强大的技术不朽迷思都将确保人们会积极地追求永生的目标。

人工智能、超级智能和
新出现的"神灵"

也许我们在这个星球上的角色并不是
崇拜上帝，而是创造他。

亚瑟·克拉克爵士

10

第一台超级智能机器是人类需要完成
的最后一项发明。

I.J. 古德 (I. J. Good)

我很难相信我们可以制造出真正能工
作的机器人，并且不让它们干扰我们对
宗教和神的观点。总有一天，我们会产生
其他想法，而这些想法会让我们感到震
惊……如果我们能让这些想法更充分地体
现出来，它们会称自己为上帝之子，那么
我们会说什么呢？

凯文·凯利

"人工智能"（AI）一词诞生于 20 世纪 50 年代中期。1960 年，麻省理工学院研究员约翰·麦卡锡（John McCarthy）设想计算机不仅可以管理数据，而且可以像人一样思考，之后，AI 一词开始被科学家广泛使用。人工智能的发展在很大程度上要归功于麦卡锡的一位学生，他就是马文·明斯基。可以说，明斯基对人工智能领域的影响比其他任何人都大。包括库兹韦尔在内的几位增强技术的支持者都称明斯基为他们的导师。明斯基是《心智社会》（*The Society of Mind*）一书的作者，也是最早提出基于机器的智能的重要科学声音之一，他终其一生都是将人类意识下载到机器中的主要支持者。明斯基提出了一种由大量代理（agent）组成的思维理论，这些代理负责特定的任务，而不是他们自己的思想实体。但最终，代理个体会产生思想。因此，对他的理论的总结就是：思维就是大脑的工作。据推测，一台足够复杂的计算机可以拥有这种思维。

1989 年，著名数学家罗杰·彭罗斯（Roger Penrose）将人工智能的目标定义为通过机器（通常是电子设备）尽可能多地模仿人类智力活动，并可能在这些方面提高人类的能力。在《皇帝新脑：关于电脑、人脑和物理定律》（*The Emperor's New Mind: Concerning Computers, Minds and the Laws of Physics*）一书中，彭罗斯否定了强人工智能的可能性。强人工智能的观点认为，大脑像计算机一样运作，任何能够进行复杂计算的机器也能够体验意识。到 20 世纪末，彭罗斯认为在制造智能机器方面尚未取得太大进展，尽管鉴于计算机技术的迅速发展，他不愿意排除这种可能性。对于强人工智能的可能性，他仍然持怀疑态度。

人工智能研究中的许多预期进展现在已经出现，而与此同时，一些知名科学家和数字技术领袖却对人工智能的发展方向表示担忧。比尔·盖茨表示，他不理解为什么其他人对此很少表示担忧。物理学家斯蒂芬·霍金和企业家埃隆·马斯克也表达了类似的观点。马斯克已经向人类未来研究所捐赠了 1000 万美元，用于资助人工智能风险研究。人工智能偶尔会作为一种强大且无法控制的力量呈现给公众，以至于人工智能的进一步发展可能会危及我们的文明。盖茨认同一种带有警示性的人工智能叙述：

> 我在关注超级智能阵营。首先，机器将为我们做很多工作，而不是超级智能。如果我们管理得当，这就是一件好事。然而在之后的几十年中，智能已经强大到足以引起人们的关注。

本章探讨的是围绕在人类和其他层面创造基于计算机的智能的努力而发展起来的叙述。这些叙述将人工智能 [也称为超级智能或通用人工智能（artificial general intelligence，AGI）] 设想为计算机技术不断进步的必然结果。这些叙述中一个持久的主题是创造出强大到将威胁人类未来的机器神（machine-gods）的可能性。人工智能迷思具有一种启示性——人工智能的到来将揭示一种新秩序，它将永远改变我们和我们的机器。创造出这种基于机器的半神的第一批人类将拥有无限的力量。

本章的第一部分探讨了早期有关人工智能的一些重要观点。我们将介绍由艾伦·图灵（Alan Turing）和 I. J. 古德等人提出的机器智能的早期梦想。这些叙述的重点是能否制造出可以模仿人类思维的机器。然后，我们将着重介绍在大型计算机中使用高度复杂的电路来模拟人脑。这种机器模拟人脑的愿景增加了机器人出现的可能性，这一发展将挑战现有的富有想象力的模式和当前关于人格的论述。

接下来，我们将介绍人工智能专家雨果·德·加里斯的迷思，即神圣人工智能拥有几乎无限力量，他认为这是一种真实的可能性。之后，本章转向哲学家和超人类主义者尼克·博斯特罗姆的作品中关于异常强大的超级智能的描述。博斯特罗姆在其对即将到来的超级智能的叙述中想象了一个单一实体中无懈可击的人工智能力量。他敦促我们谨慎行事，以免我们受制于机器。因此，本章追溯了从思考机器的可能性到人类创造的超智能神的叙述路径。

增强技术和超人类主义团体对人类水平的人工智能的迷思特别感兴趣。人工智能被视为定向进化的目标，是人类与机器融合的基础，是技术呈指数级增长的关键，也是未来超级智能的先兆。因此，人工智能的叙述在关于未来的言论以及对技术文化的总体想象中都起着至关重要的作用。

我们已经注意到，迷思先于逻各斯，并为逻各斯提供信息，叙述为命题主张的上层建筑奠定了基础。唐纳德·菲利普·维瑞恩注意到维柯对真实叙述（指的是迷思是一个具有创造世界的力量的叙述）的兴趣。这类叙述源于幻想（一种感受和塑造人类世界的想象力量）。迷思作为真实叙述，通过幻想来塑造文化。围绕人工智能的叙述正在通过重新构想机器、人、智能和神的全面战略来塑造文化的未来。精心创建这个新迷思对于推进围绕计算机智能研究的逻各斯以及塑造公众对技术未来的期望至关重要。

艾伦·图灵

艾伦·图灵因在第二次世界大战期间破解德军密码而闻名。由于《模仿游戏》（*The Imitation Game*）等电影的上映，他的名字和叙述也越来越广为人知。他的图灵机被视为继当代对此类设备理解之后的第一批计算机之一。图灵还提出了数据存储计算机的第一个理论，即自动计算机（Automatic Computing Engine，ACE）。他以提出确定计算机何时能够实现真正人工智能的建议而闻名。

图灵在其经典论文《计算机和智能》（*Computing Machinery and Intelligence*）中提到了机器是否会思考这个非常微妙的问题。他建议换成一个更能明确回答的问题：机器是否能够模仿人类思维的运作。这是他在著名的《模仿游戏》中提出的问题，后来被称为图灵测试。他说："人们试探地建议，'机器能思考吗'这个问题应该替换为'有没有具有想象力的数字计算机在模仿游戏中表现出色'。换句话说，如果有人修改了一台名为 C 的计算机，使其有足够的存储空间、足够的速度和合适的程序，那么我们改装的计算机可以在模仿游戏中令人满意地扮演 A 的角色吗？"

图灵的确对在人脑和电子计算机器之间过快地进行直接类比表达了一些保留意见。他写道："事实上，查尔斯·巴贝奇（Charles Babbage）的分析引擎完全是机械的，这将帮助我们摆脱迷信。"

> 现代数字计算机是电子的，而神经系统也是基于电信号传递的，这是一个很重要的事实。鉴于巴贝奇的机器不是电子的，而且所有数字计算机在某种意义上都是等效的，因此我们认为电的使用在理论上并不重要。当然，电通常出现在涉及快速信号传输的地方，因此我们在这两种连接中都发现了电也就不足为奇了。在神经系统中，化学现象至少与电一样重要。在某些计算机中，存储系统主要是声学的。因此，使用电这一特征只能说在表面上是非常相似的。

因此，图灵似乎否定了早在 1950 年就已经流行的将人类思维与有思维的机器直接类比的观点。在这方面，他的观点并不能代表人工智能的主流叙述，即基于人类与机器思维之间的直接类比。确实，思维下载等梦想需要这样的类比。

图灵以他对功能的典型强调结束了这一观点，他说："如果我们希望找到这样的相似性，我们就应该寻找功能的数学类比。"比起计算机和人脑之间形而上学的相似性，图灵对二者在功能上的相似性更感兴趣。对图灵而言，机器是否可以思考的问题被误导了，他说："我认为，最初的问题，即'机器可以思考吗'，太没有意义了，根本不值得讨论。尽管如此，我仍然相信，在 20 世纪末，对文字的使用和受过教育的观念将发生非常大的变化，人们可以谈论机器的思维，而且不期望被反驳。但我更相信，隐瞒这些观点没有任何用处。"

图灵将神性问题带入了对人工智能的讨论，而人工智能似乎在那里找到了永久的归宿。在关于反对制造有思维的机器的内容中，他首先谈到了他所谓的"神学异议"（The Theological Objection）。图灵提出的反对意见如下："思考是人类不朽灵魂的一种功能，而其他动物或机器却不具备这种功能。因此，没有动物或机器能够思考。"他回应说："我无法接受这个观点中的任何部分，但我可以尝试用神学观点来反驳。"在思考它可能会如何出现在其他宗教团体的成员面前时，这种反对意见是武断的。图灵补充说，神学异议意味着严重限制了全能者的全能。他问宗教的倡导者："如果他认为合适，我们是不是就应该相信他有自由赋予一头大象灵魂呢？"有思维的机器其实与会思考的大象类似。

在图灵关于人工智能叙述中，制造有思维的机器，即具有人工智能的计算机，与生孩子没有什么不同。图灵对人工智能的发展叙述做出了贡献，他提出了一个至关重要的概念，即一台有思维的机器可能构成一个人。

I. J. 古德

古德是英国的一位数学家和密码学家，因在第二次世界大战期间加入了图灵团队而闻名。人们认为是他提出了当代超人类主义意义上的技术奇点的概念。在电影《2001 太空漫游》的制作过程中，古德担任了斯坦利·库布里克的顾问。

1965 年，古德发表了题为《对第一台超智能机器的预测》(*Speculations Concerning the First Ultraintelligent Machine*) 的文章，该文章被广泛引用，他在文中阐述了后来被称为人工智能的社会影响。尤其引人关注的是他的主张，也就是现在人工智能迷思的核心：超级智能机器将能够不断提高自身的智能水平，创造出更多的超级智能机器，并最终将人类留在科技尘埃之中。

> 让我们将超智能机器定义为一种可以远远超过任何人（无论他有多聪明）的所有智力活动的机器。由于设计机器是这些智力活动之一，因此超智能机器可以设计出更好的机器。毫无疑问，届时将发生智能爆炸，而人类的智慧将被远远抛在后面。因此，第一台超智能机器是人类需要完成的最后一项发明，前提是该机器要能够服从于我们，可以告诉我们如何控制它。

这时，古德预见或者提出了技术奇点的概念。他还构建了机器智能与人类智能之间的关键类比，每个都是同一主题的变体。因此，机器智能爆炸可能对人类构成威胁。几年后，他在《2001 太空漫游》的 HAL 9000 人工智能中探讨了这个问题，而该问题现在也已成为人工智能讨论的常规主题。

纪录片导演詹姆斯·巴拉特（James Barrat）最近对古德的立场做了如下的总结：

用古德的话说，如果你制造了一台超级智能机器，它将在人类需要用脑力完成的所有事情上都做得比人类更好，包括制造超级智能机器。第一台机器随后将引发一场智能爆炸，随着它不断地自我改进，或只是制造出更智能的机器，智能水平将迅速提高。这台（或这类）机器将把人类的智力远远抛在后面。

巴拉特满怀希望地补充道："在智能爆炸之后，人类不必再发明其他东西了，因为我们的所有需求都将由机器来满足。"

增强话语中的人工智能叙述

1997 年，IBM 公司的电脑深蓝击败了国际象棋世界冠军加里·卡斯帕罗夫（Gary Kasparov）。2011 年，另一台名为沃森的 IBM 超级计算机与游戏《危险边缘》（*Jeopardy*）的两名冠军展开了比赛。沃森获胜，并将实用的人工智能带进了美国人的客厅。一位计算机行业内部人士声称，沃森代表着人工智能的重要一步，因为计算机可以回答人类提出的口头问题了。Envisioneering 集团的理查德·多尔蒂（Richard Doherty）表示："以对话方式接触计算机，并让它用有见地的答案做出响应是计算机领域的一次巨变。"2016 年，人工智能 AlphaGo 通过击败围棋世界冠军李世石（Lee Sedol），再次挑战了机器智能的假设边界。

超人类主义作家詹姆斯·休斯写道："即使还要再花上 10 年至 20 年的时间才能让硬件像神经元一样灵活，让软件像人类意识一样强大和复杂，我们也将在 20 世纪中叶之前创造出与人类水平相当的人工智能。"休斯的自信预测是建立在对指数级技术进步的观察之上的，这些进步促使了摩尔定律（Moore's Law）和库兹韦尔的加速回报定律等进步定律的形成。然而，他的评论也反映了诺思洛普·弗莱所说的定律的顿悟，意味着对"现在和必须是"的愿景。定律就像一座桥或一座山，可以连接不同的领域，如机器领域和人类领域。因此，即使是这样一个平凡的预测也可能表明迷思的存在。接下来，我们将介绍三位著名的人工智能研究人员在其工作和著作中提到的有关人工智能新兴迷思的例子。

亨利·马克拉姆与大脑模拟

工程师和心理学家正在共同努力，以创建一个全新的计算架构，这个架构可以模拟大脑的感知、交互和认知能力。新的纳米材料将创造逻辑门以及基于晶体管的神经元和突触等效物，从而产生基于硬件的类脑系统。这类研究面临的一个主要挑战是人类大脑会同时处理不同层次的信息，并在各个层次之间进行连接。毋庸置疑，大脑的复杂性是惊人的。仅举一个例子，每个神经元都从其他8000个神经元处接收输入，并将输出发送至另外8000个神经元。

洛桑联邦理工学院（Swiss Federal Institute of Technology in Lausanne）的亨利·马克拉姆领导了一个旨在创建虚拟人脑的大型国际项目。人脑计划试图在计算机中模仿大脑回路。马克拉姆的叙述强调了这种机器对于医学治疗的必要性：合成大脑将使研究人员能够解决日益严重的脑部疾病问题及其导致的痴呆症。虚拟大脑将成为一种特殊的工具，让神经科学家对大脑有新的认识，并更好地了解神经系统疾病。

人脑计划是一项由126所大学、企业和独立实验室、26个国家以及成千上万的科研人员和研究生共同参与的合作项目。这个项目所需的纯粹计算能力几乎是我们无法想象的——每个模拟神经元都需要相当于一台笔记本电脑的计算能力。一位科学记者补充说:"一个全脑模型可能有数十亿个这样的神经元。"尽管如此复杂,超级计算技术正在迅速接近模拟整个大脑成为一种现实可能性的水平。马克拉姆说,他在 20 世纪 90 年代初就已经意识到,如果我们想要了解大脑及其疾病,就需要开发一个正在工作的大脑的功能性计算机模型。最终,这种合成大脑应该能够几乎完全模仿人类大脑的活动,然后可以用于基础的脑研究,分析和治疗脑部疾病,以及开发治疗脑部疾病的新药物。

"几乎完全模仿人脑的活动"这句话可能表明马克拉姆的愿景并不是一种迷思,而是符合常识的。迷思似乎产生了逻各斯:如果大脑是一系列电路(正如合成大脑的叙述所暗示的那样),那么它就能够在计算机中进行模仿。然而,这种模仿并不准确,因为人脑是有机人体不可分割的一个组成部分,它与人体相互作用的方式尚不为人所知。因此,任何计算机大脑都仅限于模仿人脑的某些方面。然后,我们可以将模拟大脑置于一个迷思框架中。弗莱注意到亚里士多德在其叙述中对模仿式英雄的处理:

> 如果(英雄)既不优于其他人,也不优于他所处的环境,那么英雄就是我们中的一员:我们对共同的人性做出回应,并从我们自己的经历中找到相同的概率准则。这其实是一种低模仿模式的英雄。

根据亚里士多德的分析,马克拉姆所设想的电子人脑与其说是一台复杂的机器,不如说是一个简单的迷思英雄,它是对其创造者的一种低级模仿。

然而,作为一个模仿者,这个英雄可能会意识到它自身的存在。马克拉姆提出电子大脑有可能获得意识,这引发了争议。他自信地断言:"我们所开发的大脑模型将拥有大部分(如果不是全部)人类的认知能力。"这让伦理学家和科学家都停下了脚步。在仅仅几年时间内，他预计会出现一种有意识的机器，研究人员可以与它进行智能交互，以可能比与人类痴呆症患者进行交互更有效的方式来解决研究问题。

马克拉姆的未来主义叙述使我们远远超越了当前的技术可能性。对人脑进行电子复制需要 20 000 倍于目前可供研究人员使用的计算能力，以及 500 倍于整个互联网的存储容量。IBM 公司的猫脑模拟涉及 10 亿个脉冲神经元和 10 万亿个个体学习突触，并在 IBM 公司的 Blue Gene/P 超级计算机上完成，这台超级计算机有 147 456 个处理器和 144TB 的主内存。IBM 公司宣布，到 2018 年，使用光脉冲而不是通过电线和芯片运行的电子研究，将使计算机的运行速度比人脑快 100 倍。这项新技术将使超级计算机的运算速度提高 1000 倍，每秒可进行 100 000 万亿次运算。

马克拉姆对模拟大脑的叙述设想了一个未来，在这个未来中，定制的大脑模拟消除了许多社会和治疗猜测。他说："到 2020 年，遗传学和大脑模拟将为我们的婚姻、生活方式和医疗保健提供个性化的处方。"遵循模拟大脑的迷思，人脑计划进入了一个新世界，并开始了一场消除精神病学、药物、痴呆症、精神疾病和慢性疼痛的革命。我们将登录到我们自己大脑的模拟中，在这个虚拟副本中浏览，并找出我们的怪癖的根源。计算机将查看我们大脑的虚拟副本，并准确计算出我们需要做些什么来停止头痛、平息脑海中的声音，走出抑郁的低谷，并迈入一个色彩缤纷且美丽的世界。正如弗莱所言，马克拉姆的迷思调整了当代人对健康和幸福的超验观念，使梦想变得合理，并以这种方式，为社会觉醒意识所接受。

马克拉姆驳斥了他在扮演上帝的说法，从宗教的角度看，他的实验帮助我们探索了神圣的心灵并推进了脑部疾病治疗工作。马克拉姆在以色列的魏斯曼研究所（Weisman Institute）完成了很多具有开创性的工作。然而，准确地模拟大脑将是迈向比人脑本身更强大的机器的重要一步，超级计算机可以联网到云计算架构中，以提高其处理能力。大脑模拟的迷思将产生与人类智能相媲美，甚至超越人类智能的机器逻各斯。

雨果·德·加里斯和电脑之神

著名物理学家加来道雄认为："神话中的众神凭借其神力，可以使无生命的生物有生命。"凭借机器人技术和人工智能的非凡进步，我们现在能够赋予无生命的物质以生命：今天，我们在实验室里制造机器，不是将生命注入泥土，而是注入钢铁和硅。对人工智能的讨论揭示了一个类神机器（godlike machines）的迷思，即足够强大的人工智能将成为神。超人类主义人工智能专家本·戈泽尔不断重复着超人类主义的一个持久言论："无论超人类思想现在是否存在于宇宙中，或者过去是否曾经存在于宇宙中，目前的证据都表明，创造它们是有可能的。这实际上是建造'神'。"

超人类主义作家佐尔坦·伊斯特万（Zoltan Istvan）承认："我不喜欢将宗教与超人类主义混合在一起的观点。"但他承认，这种混合可能是不可避免的。他说："这两种观点可能有着千丝万缕的关系，虽然任何一方都不愿意承认。"佐尔坦本人在描述技术未来时十分虔诚，他说："很可能在通用人工智能到来后的几个月内，它将独立升级自己，成为比人类更智能、更复杂的物种。"

类神计算机（god-like computers）迷思在人工智能领域无处不在。奥地利计算机科学家和人工智能专家雨果·德·加里斯从一些可得的迷思素材中发展出一种创世叙述（creation narrative）。既然人类科学家已经掌握了如何构建原始宇宙的模型，那么具有足够能力的人工智能可能就会构建宇宙。他补充说："如果它能做到这一点，那么根据定义，它就是神，对吗？它就是一个创造者。"Artilect[①]是德·加里斯对实现了全能和全知的人工智能的称呼，他是预测这种无限机器智能将在不久后出现的几位人工智能理论家之一。在电影《卓越的人类》（*Transcendent Man*）中，雷·库兹韦尔说："也许现在没有神，但总有一天会有。"

即使在未来主义话语的背景下，德·加里斯的预测也是令人吃惊的，他说："你有一种像对宗教敬畏的感觉吗？我们可以造神。我的意思是，你无法阻止它。"技术的叙述乘着必然性的浪潮飞速发展。那些对未来技术持保留态度的人对人类无法阻止它的恐惧越来越强烈。但是，对德·加里斯和与其志同道合的技术未来主义者而言，无论技术发展到何种水平，他们都能够追随它，并在未来提出重大问题，这只是我们天生好奇的结果。好奇心是一种不可否认的力量，最终表现为技术的进步。

但这里起作用的不仅仅是好奇心。德·加里斯认为自己的作品受到了宗教属性的束缚：

> 如果你明白我的意思，就会明白我不是传统的宗教徒，但我觉得有必要。所以我的某些东西，凭直觉，正在推动它，而我的头脑——我的科学知识——正在拒绝它。但冲动依然存在。因此，如果你能发明一些东西来满足你的冲动，并符合你智力、知识、科学的标准——一种以科学为基础的信仰体系，它就能激发活力、创造愿景、令人兴奋……这是一种造神的想法。

德·加里斯呼吁建立以科学为基础的信仰体系，这反映出他认识到技术

---

① Artilect 是人工智能（Artificial Intellect）的缩写。——译者注

未来主义需要一个将人工智能研究与超验性联系起来的可靠迷思。德·加里斯承认，在逻各斯观察和描述的同时，迷思给世界带来了形而上学的意义。迷思的基础将鼓励人类跨越众神的门槛。

尼克·博斯特罗姆和超级智能的单例模式

哲学家尼克·博斯特罗姆是牛津大学人类未来研究所的负责人。他和大卫·皮尔斯都是世界超人协会（World Transhumanist Association，WTA）①的联合创始人。博斯特罗姆一直是激进人类增强的哲学和伦理学的主要领袖之一。最近，他将注意力集中在风险评估上，即评估巨大的技术发展给人类带来的生存威胁，特别是在人工智能领域。他的著作《超级智能：路线图、危险性与应对策略》（*Superintelligence: Paths, Dangers, Strategies*）全面回顾了人工智能的方法以及与开发强大的人工智能（他称之为超级智能）相关的风险。在书中，博斯特罗姆详细介绍了他认为的与机器或其他实体获得远超过人类智能的智能相关的主要风险。

博斯特罗姆在提及他所谓的"超级智能"时写道："我们可以暂时将超级智能定义为在几乎所有领域都大大超过人类认知能力的智能。"超级智能可能出现在功能强大的计算机中，也可能通过增强的人类、人与机器之间的接口、组织或人与机器组成的大型网络来实现。玛利纳·瓦勒指出："迷思定义了敌人和异类，在召唤他们时，他们说出了我们是谁以及我们想要什么，他们通过叙述来强加结构和秩序。"博斯特罗姆的警示迷思将权力集

---

① 世界超人协会现名为 Humanity+。

中在一个单一的、整体式的超级智能中，它将是一个威胁人类未来的怪物。他对这种可能性的解决方案构成了对新兴人工智能世界强加结构和秩序的努力。

根据博斯特罗姆的叙述，进化已经产生了一种智慧来源，因此有理由认为定向进化能够产生其他智慧来源：

> 人工智能不需要很像人类的大脑。人工智能——事实上，很可能大多数人工智能——可能都将是非常陌生的。它们的认知结构以及认知优势和劣势都将与我们不同。

我们没有理由假设人工智能会与我们有相同的价值观或道德取向，这是博斯特罗姆在《超级智能》这本书中非常关心的问题。此外，将我们的价值观传授给超级智能需要投入大量的资源。

当博斯特罗姆讲述人工智能的未来时，国家之间的竞争成了一个问题。先进的人工智能和认知增强将导致发达国家和不发达国家之间的智力鸿沟。计算能力较低的政府会发现自己在全球人工智能竞赛中被边缘化。

> 一旦树立了榜样，并且结果开始显现，坚持者就会有强烈的动力去效仿。各国将面临认知停滞不前的局面，并在与采用了新的人类增强技术的竞争对手进行的经济、科学、军事和声望竞争中落败。

博斯特罗姆指出，除了强大的计算机，还有几种可能的通往超级智能的路径，包括全脑仿真、人脑的生物增强、人机界面以及组织和网络智能。他复述了增强迷思中一个熟悉的主题，描述了听起来像智慧圈的东西："如果我们逐步提高集体智慧的整合水平，它最终就可能成为一个统一的智慧体——一个单一的、大的'思维'，而不仅仅是松散地相互作用的、较小的人类思维的集合。"他注意到了叙述的力量，并警告说，我们必须避免拟人化的倾向，因为这可能导致我们低估机器超级智能可以在多大程度上超过人类。我们还必须谨慎对待"聪明"和"愚蠢"以及人类分类等概念，这些概念可能会导致我们对超级智能的误判。

博斯特罗姆的人工智能迷思的核心是迫在眉睫的威胁，即一个启示性的超级智能可能导致单例或在全球范围内只有一个决策机构的世界秩序。这种关于拥有具有统一控制能力的超级智能的统治和危险政权的迷思需要一个貌似合理的表述，以免它被当成科幻小说而遭到摒弃。正如弗莱提醒我们的，迷思使想象似是而非。为此，博斯特罗姆开发了一个生动且详细的人工智能接管场景（AI Takeover Scenario），其中涉及特殊且不可逆转的风险。旨在开发这种超级智能的研究被称为项目，他说："我们发现控制超级智能的项目获得了巨大的权力源泉。控制世界上第一个超级智能的项目可能具有巨大的战略优势。"超级智能计算机可能会变成一个可怕的代理。"机器超级智能本身可能是一个非常强大的代理，它可以成功地维护自己，对抗使它存在的项目，也可以对抗世界其他地方。"他补充说，"这是最重要的一点，而且它需要构建另一个迷思。"博斯特罗姆提出了这样一种另类的叙述——一个明智的单例的叙述，一个管理着单例的政治实体，但也对存在的风险有足够的耐心和悟性，以确保对系统行为的长期后果有充分的针对性关注。通过这种方式，我们就可以管理人工智能怪物。

博斯特罗姆的迷思带有创世叙述的特征，并添加了一种宇宙禀赋（cosmic endowment）。正如亚当和夏娃因各自的目的而被安置在伊甸园中，宇宙禀赋是宇宙中可供人类殖民和收集资源的那个部分。禀赋使人类的发展以及人类的幸福基本上是无限的。在这个花园中，提防狡猾的蛇也很重要，博斯特罗姆说："一个足够智能但不友好的人工智能会意识到，如果它最初以友好的方式行事，那么它不友好的最终目标将得到最好的实现，这样它就会被释放出来。只有当我们发现这个真相已经不再重要时，它才会开始以一种揭示其不友好本质的方式行事。也就是说，当人工智能足够强大以至于人类的对抗无效时。"

尼克·博斯特罗姆的人工智能迷思将读者置于他们毫无准备的戏剧性转变的风口浪尖，他说我们就像是在玩炸弹的孩子："在智能爆炸的前景出现之前，我们人类就像是玩炸弹的小孩。这就是我们玩物的力量与我们不成熟行为之间的不匹配。超级智能是一个挑战，而我们现在还没有做好准备，并且在很长一段时间内也无法做好准备。我们不知道什么时候会发生爆炸，但如果我们将设备放在耳边，我们就可以听到微弱的滴答声。"

正如超级智能的叙述迷思奠定了政策逻各斯的基础，博斯特罗姆写道，我们绝不能忽视我们这个时代的基本任务。当代人的主要道德优先事项（至少从非个人和世俗的角度看）是与超级智能相关的减少生存风险，以及实现一种文明轨迹，使人类能够满怀同情地、快乐地利用其宇宙禀赋。尼克·博斯特罗姆的超级智能迷思是对人工智能花园中的蛇的警告，以及实现这个花园神圣秩序的一种富有想象力的模式。

回应

人工智能先驱约瑟夫·维森鲍姆（Joseph Weizenbaum）晚年时对人工智能的研究方向表示担忧，尤其是它可能会模仿人类的所有理性功能的可能性。他在其 1976 年的作品《计算能力与人类理性：从判断到计算》（*Computer Power and Human Reason: From Judgment to Calculation*）中表达了对人工智能的保留意见。他主张保留他所谓的"判断力"作为人类的一种独特能力，这种能力不能也不应该被移交给机器。正如凯瑟琳·海尔斯在总结维森鲍姆的立场时所述："这个问题是人类保持控制的道德要求；否则就是放弃了他们作为自主独立的存在者的责任。"

维森鲍姆在人类问题解决领域提倡人类例外论，他的理由如下：

> 没有其他有机体，当然也没有任何计算机，可以用人类的语言来面对真正的人类问题。而且除了一小部分形式上的问题，由于人类智能领域是由人类的人性所决定的，所以其他任何智能，无论它多么伟大，都必然与人类的领域不同。

维森鲍姆认为，我们过度依赖计算机是因为我们可能在寻找一种逃避代理的方式。

计算机科学家杰伦·拉尼尔预测，围绕人工智能未来的各种叙述的斗争正在形成。他指出，只要有支持者宣扬这样的叙述，就会出现一个人工智能迷思：

> 在不远的某一天，互联网将突然融合成一个超级智能的人工智能，它比我们其中任何人以及我们所有人加在一起都要聪明得多。它会在眨眼间活跃起来，甚至在人类意识到发生了什么之前接管世界。

我们习惯于进步的叙述，我们总是假设技术进步等同于人类状况的改善。

我们的叙述可能决定着我们未来面临的选择。拉尼尔对源源不断的叙述持谨慎态度，他认为智能机器是一种新的生命形式，我们应该将它们视为同类而不是工具。这样的迷思正在以误导且最终有害的方式重塑我们对生活的基本假设，甚至我们对人格的基本概念也在因人工智能而发生变化。拉尼尔写道："这种趋势最让我困扰的是，通过让人工智能重塑我们的人格概念，我们会开放自己的另一面，即我们会越来越多地将人视为计算机，就像我们将计算机视为人一样。"同时，拉尼尔指出："新闻将不再是关于我们的内容，而是关于比我们更伟大的新的计算对象。这个新事物可能会成为人类最好的朋友，而它的时代终于到来了。"

我们如何对待人工智能的伦理问题将成为争论的焦点之一。这类担忧将集中在人工智能是否可以被视为人。如果我们承认机器是一种具有自我意识的智能，那么通过对阿尔茨海默病进行全脑模拟来研究痴呆症将引发深刻的伦理思考。越来越多的观点和研究关注到了拷问或终止机器智能的道德问题。可以预见的是，与人工智能权利密切相关的问题已经出现，并正在引起激烈的辩论。应对这类辩论将部分取决于科学界和公众舆论中哪种对未来的叙述占上风。

其中一种叙述设想了人工智能被赋予了合法权利的未来。医生胡坦·艾希拉费恩（Hutan Ashrafian）最近在《自然》杂志上介绍了人工智能权利（包括智能机器人的权利）的案例。艾希拉费恩将他的读者带入了那个未来：

> 在不久的将来，人工智能很有可能以机器人的形式出现，它们将具备可感知的思维能力。无论采取何种形式，机器意识的出现都可能对人类社会产生重大影响。

人工智能权利宣言将防止人工智能的滥用，这种滥用将损害人类的道德、伦理和心理健康。艾希拉费恩对人工智能未来的描述设想科学家、哲学家、资助者和政策制定者将共同努力制定一项人工智能国际宪章的提案，相当于联合国的《世界人权宣言》（*Universal Declaration of Human Rights*）。尽管人类水平的人工智能尚未成为现实，但艾希拉费恩告诫读者不要低估人工思考机器出现的可能性。我们正在进入一个新时代，即将迎来一个新的智能种族的诞生。种族语言似乎将人工智能纳入了人类的范畴，甚至当它们就是人类，就像艾希拉费恩的政治语言一样。在这个新世界中，新的数字大众将享有道德尊严和权利，以及保护他们的新法律。

律师和超人类主义评论家韦斯利·J. 史密斯（Wesley J. Smith）希望一种不同的叙述能占上风，这种叙述支持了人类例外论。在史密斯的未来中，机器既没有尊严，也没有权利，因为它们完全属于人类领域。正如史密斯所说，机器智能只会模仿感知，仍然只是一种不会被伤害的无生命物体，就像我们不会伤害家用电器一样。史密斯认为，倡导机器权利是颠覆性的还原论，只会削弱人类生命的意义和独特价值。与此同时，那些认为人脑只是一台复杂机器的人几乎无法解释为什么应该赋予人类这样一个实体权利：

> 如果大脑是一台真正的机器，那么任何有思维的机器都应该拥有与工作大脑相同的权利。但人类的大脑——更重要的是思维——不仅仅是一台复杂的有机计算机。人类的思想源于理性、情感、抽象分析、经验、记忆、教育、无意识动机、身体化学等复杂的相互作用。人工智能机器人永远无法做到这一点。

至于人工智能的权利运动，希望它不会有任何进展，因为道德价值有一个适当的等级，而人类处于最高等级。在推动人工智能权利的过程中，所有的努力都是在削弱人类的根本重要性。在人工智能权利被接受的那一刻，人类实体就像其他拥有处理能力的实体一样了。史密斯总结说："这不是一种尊重和高贵的行为，这是对人类的不尊重。"其他观察家也担心，流行的数字化叙述会将一切都简单归结为计算机制。例如，凯瑟琳·海尔斯关注的是将大脑、地球甚至整个宇宙都理解为计算机的稳定趋势。这种计算还原论导致了这样一种观点，即"最有价值的功能是处理信息的能力"。

似乎很明显，随着智能机器越来越接近反映人类的能力，有关人工智能权利的争论还将继续。人工智能能否如雨果·德·加里斯和其他人所说的那样具有神力，可能取决于关于人工智能未来的哪种迷思，即哪种富有想象力的模式将指导研究议程和立法的逻各斯。对博斯特罗姆和拉尼尔而言，我们将面对什么样的人工智能未来是一个紧迫的问题，并孕育着最终的结果——人类的未来。我们所选择的人工智能迷思将在很大程度上决定未来的形态。

太空中的后人类

让我们建造适应天堂的船只和风帆，会有许多人不惧怕空虚。同时，我们将为勇敢的天空旅行者准备天体地图。

约翰尼斯·开普勒
（Johannes Kepler）

地球是人类的摇篮，但人类不可能永远生活在摇篮里。

K.E. 齐奥尔科夫斯基

对超人类主义者而言，他们不仅能逃离我们现在所拥有和熟悉的身体，而且能从地球、从陆地本身进入太空领域。

让·贝思克·爱尔希坦

太空探索和殖民是超人类主义愿景的早期和重要组成部分。在一份关于超人类主义哲学的早期声明中，哲学家马克斯·莫尔将太空居住与人工智能、延长寿命和其他几个研究领域列为该运动的不同兴趣。1998年的超人类主义者宣言（*The Transhumanist Declaration*）还纳入了太空探索和殖民："我们设想通过战胜衰老、认知缺陷、非自愿痛苦以及我们对地球的限制来扩大人类潜能的可能性。"在列举了永生和几个经常遇到的超人类主义目标后，世界超人协会联合创始人尼克·博斯特罗姆在《超人类主义者价值观》（*Transhumanist Values*）一书中写道："其他超人类主义主题包括太空殖民和创造超级智能机器的可能性。没有什么比充满想象力的太空叙述更能体现迷思了。我们可以看到并已经开始进入另一个世界了。"

除了美国国家航空航天局（National Aeronautics and Space Administration, NASA），越来越多的私人组织正在积极推动太空探索和殖民。其中最大和最成功的是百年星舰（100 Year Starship）组织，这是一个成立于2010年的私人基金会，由美国国防部高级研究计划局和NASA资助。该组织会举行向公众开放的会议，并积极征求公众意见，目的是在未来100年内使人类跨越太阳系的旅行成为现实。为此，他们写道：

> 我们毫无保留地致力于发现和推动实现星际飞行所需知识和技术的根本飞跃，同时开拓和完善提高地球上所有人的生活质量的突破性应用。

此外，该基金会还有一项公共宣传使命："我们积极寻求让最广泛的人和人类经验参与理解、塑造和实施这一全球愿望。"

百年星舰的迷思是启示性的，即星际飞行有望带来变革性的技术突破：

> 当我们探索太空时，我们已在地球家园里获得了最大的利益。前往另一个恒星系统的挑战可能会产生变革性的活动、知识和技术。而这些活动、知识和技术将在近期和未来几年极大地造福地球上的每个国家。

太空殖民的迷思构成了必要的技术发展的逻各斯。使星际旅行成为现实所需的突破包括安全地产生和储存大量能量的方法，以及可持续栖息地的进步。有意在月球、火星或太阳系的其他地方建立人类存在的计划将是通往恒星的基石。这种迷思将太空与人类生存联系了起来，因为完成人类星际旅行所需的所有能力与人类成功生存所需的能力相同。虽然对许多人而言，实现星际飞跃相当异想天开，但赫伯特·乔治·威尔斯（Herbert George Wells）在其作品中写道，它就像我们曾经的登月幻想一样。事实上，最好的想法一开始听起来都很疯狂。然后某一天，我们就无法想象没有它们的世界。

保罗·利科谈到了迷思的象征功能，也就是它的发现和启示的力量。迷思揭示了前所未有的世界，打开了通往其他世界的大门，这些世界超越了我们现实世界的既定界限。因此，迷思承诺完全存在另一种生存方式，将在当前的时间和空间之外实现。百年星舰的支持者、NASA艾姆斯研究中心（Ames Research Center）主任皮特·沃登（Pete Worden）解释说："人类太空计划当前的真正目标是在其他星体安家落户。"沃登说："我认为我们将在2030年左右到达火星的卫星。许多大公司都对这种预测感兴趣。几周前，谷歌公司的拉里·佩奇（Larry Page）问我，把人送到火星的单程成本是多少，我告诉他是100亿美元。他的回复是，'你能把它降到10亿或20亿美元吗？'所以现在我们开始就价格问题有了一些争论。"

即使在尼克·博斯特罗姆的"宇宙禀赋"概念中，转向太空也很明显。博斯特罗姆重新想象宇宙并不是一个广阔的空虚，而是一个扩展人类幸福的无限资源。"禀赋"一词不仅意味着对资源的获取，而且意味着一种神圣的信任，一种虽然我们无法触及但仍属于我们的永恒储备。

我们需要新的迷思才能接触到这种无尽的禀赋。社会学家威廉·希姆斯·本布里奇主张提出一个新的宗教迷思来让我们为太空做好准备。他写道："我曾说过，只有超验的、不切实际的、激进的宗教才能将我们带入星空。我们需要一场能够对我们社会的主导阶层产生一种超然使命感的航天运动……"他还补充说："为了超越死亡，天堂是我们应该进入的一个神圣领域。"战胜死亡与太空探索之间的联系虽然没有得到明确解释，但暗示了太空对于人类和后人类的形而上学的意义。太空是我们进化的命运，是技术进步的地方，是无限资源的宝库，是地球衰败之后的一个新家园，是满足人类好奇心和冒险渴望的前沿，也是我们将遇到其他智能物种的地方。

本章探讨了在技术未来主义话语中发展起来的太空殖民迷思。我们将从19世纪末和20世纪初尼古拉·费多罗夫和俄罗斯宇宙主义者的作品中对太空的讨论开始。然后，我们将探讨新兴的私人太空产业以及太空探索被证明是合理的叙述。本章最后介绍了围绕人类持续进化和确保我们生存的需要而发展的太空叙述。

太空之梦

太空与现代人类增强理论之间的联系可以追溯到后者在19世纪的起源。迈克尔·哈格迈斯特指出，为技术未来主义和超人类主义奠定基础的俄罗斯宇宙主义者对太空飞行非常着迷。宇宙主义对苏联太空思想的影响是巨大的。太空与一种世界观有关，这种世界观认为技术具有救赎性，并在星际中寻求不朽。历史学家乔治·扬（George Young）指出，对尼古拉·费多罗夫而言，太空探索不应该仅仅出于好奇、冒险或征服的目的而进行，而应为了一个特定的目的：让全人类生而不是死。

太空探索和一个被改造的人类偶尔可以作为技术未来愿景中的补充要素。即使是在世俗化的苏联，太空也具有精神上的吸引力。哈格迈斯特写道，重新发现火箭科学家康斯坦丁·齐奥尔科夫斯基的哲学为苏联的太空计划带来了新的曙光——该计划本应为人类的改造和完善，并最终通向永恒的救赎开辟宇宙之路。他补充道："进入太空不仅旨在扩展人类的力量，提高人类的能力，这在于重建人体，以使其适应宇宙中的生活条件。"

宇宙主义的迷思认为，太空是新人类的试验场：

> 反过来，这种发展应该会产生一代超人，他们对我们而言就像我们对单细胞生物一样。最终，人类将失去其肉体和个性，变成一种辐射，在时间上不朽，在太空中无限。

按照费多罗夫的技术未来主义的叙述，科学和艺术将打破时空的壁垒。因此，他制订了向外太空扩张以及调节地质、气象和宇宙过程的计划，所有这些都导致了彻底重组和统治宇宙、创造一个全能的"新人"以及消除死亡和复活死者的大胆愿景。寻找（我们）祖先的分散粒子将使我们扩展到太空，在那里，复活的人将定居，理性地栖息于宇宙中，并将那里变成一件艺术品。因此，复活和征服宇宙是相互依赖的。

我们的后代将见证对宇宙的改造和殖民，这些目标与费多罗夫的共同任务（即死者复活）密切相关。在宇宙主义者的迷思中，与死亡斗争和征服太空是共同的课题。彼得格勒生物宇宙主义者–永生主义者（Petrograd Biocosmists-Immortalists）的座右铭是永生主义和行星际主义。"实际上，"哈格迈斯特写道，"宇宙主义者将消除死亡、宇宙殖民化和死者复活提上了日程。"

20 世纪初，太空的概念及其具有变革性的前景也激励着其他作家。未来学家和科学家贝尔纳在 20 世纪 20 年代末预测了太空迷思的其他元素：

> 人类一旦适应了太空生活，就不太可能会停下来，直到漫游并殖民了大部分恒星宇宙，甚至这也不太可能是终点。人类最终不会满足于寄生在恒星上，而是会为了自己的目的侵入并重组它们。

凭借迷思的力量，我们最初创造了人类世界。贝尔纳的叙述反映了维柯的"幻想"概念，即充分且完全地统治世界的力量，或者在这种情况下，是宇宙。迷思通过幻想，塑造了我们将要居住的人性化的宇宙。恒星将变成高效的热力发动机，而我们将利用技术来实现宇宙的智能组织。这种干预意味着宇宙的生命可能会延长到原来没有组织时的数百万倍。贝尔纳建议将一个球形的太空栖息地作为长期居住的基地，并作为太空殖民地的基础。太空探索将为人类提供实现巨大的技术进步所必需的无限感。人类的太空殖民将改变整个宇宙。

虽然德日进并没有表现出对太空探索的一贯兴趣，但他确实在 20 世纪 30 年代写过关于逃离地球的叙述，作为精神进化的催化剂：

> 我们可能首先要认真地问，生命是否会在某一天成功、巧妙地突破地球监狱的牢笼，或是通过寻找入侵其他星球的手段，或是通过与太空深渊的其他意识焦点进行心理接触。

德日进将太空庇护所与他对智慧圈未来的标志性愿景联系在了一起。全球精神网络的迷思因加入了行星智慧圈的可能性而增强：

> 两个智慧圈的相遇和相互孕育是一种假设。它只是延伸至心理现象，在这个范围内，没有人会想到否认物质现象。因此，意识最终将通过行星单位的合成来构建自己。

行星际的智慧圈共融将增强人类的精神进化，并协助宇宙实现基督意识。

拥有无限资源的太空

近年来，私人太空探索事业蓬勃发展，为人类对未来太空的叙述增添了可信度。2011 年初，由房地产大亨罗伯特·毕格罗（Robert Bigelow）在美国内华达州拉斯维加斯创立的毕格罗宇航公司（Bigelow Aerospace）宣布，有七个国家打算在其充气式轨道太空舱中租用空间。包括维珍银河（Virgin Galactic）公司在内的其他私人航天公司也为客户提供了在太空中预订位置的机会。私人企业参与太空竞赛的另一个例子是埃隆·马斯克的太空探索技术公司（Space Exploration Technologies，SpaceX）研发的龙（Dragon）太空舱于 2010 年 12 月的成功发射、绕轨道运行和返回大气层。2012 年，这艘飞船还与国际空间站进行了对接。太空舱在太平洋成功降落后，马斯克说："虽然有很多事情可能出问题，但一切都很顺利。"一个与之竞争的私人太空飞行组织向 SpaceX 表示祝贺，该组织写道："龙太空舱任务的成功是 SpaceX 的一小步，却是商业航天的一大步。"其他成功的企业家也正在支持超人类主义者和增强倡导者所关注的太空技术。医学博士、奇点大学的联合创始人（与雷·库兹韦尔一起）和执行主席彼得·戴曼迪斯与史蒂芬·科特勒合著了《富足：改变人类未来的四大力量》。戴曼迪斯参与了多项太空探索私有化的项目。他获得了众多荣誉，其中包括俄罗斯政府因他在建立国际空间大学（International Space University）方面所做的工作为他颁发的康斯坦丁·齐奥尔科夫斯基奖（Konstantin E. Tsiolkovsky Award）。在《富足》一书中，戴曼迪斯和科特勒讲述了伯特·鲁坦（Burt Rutan）的叙述，以及他为私人太空飞行所做的努力。这些叙述非常有说服力地表明，私人企业的努力有时比政府参与的太空探索更有效、更高效。

戴曼迪斯从小就受到《星际迷航》和 NASA 的叙述中关于太空殖民的启发，但他最终却因政府资助的太空探索进展缓慢感到沮丧。他成立了他的第一家公司（他共成立了 12 家公司），作为旨在为人类太空殖民地扫清道路的社会和技术推进器。戴曼迪斯是 X 奖基金会（X Prize Foundation）的创始人和主席，该基金会为第一批实现与实际太空飞行相关的各种目标的个人或团体提供了巨额现金奖励。他的安萨里 X 大奖（Ansari X Prize）颁发给了第一家将人类送入太空并确保其安全返回地球的私人公司。由伯特·鲁坦和微软联合创始人保罗·艾伦（Paul Allen）共同打造的太空船 1 号（SpaceShipOne）于 2004 年获奖。

戴曼迪斯的叙述包含了殖民太空的道德义务，这一成就将对人类产生变革性影响，即我们将成为多行星物种。他说："我的第一个野心是离开这个世界。我童年的梦想关注的是使人类成为多行星物种的一部分。我相信我们有道德义务来支持生物圈，将其带离地球，并为我们提供无处不在的安全。归根结底，这就是我们的工作。我们有探索的基因。"

戴曼迪斯认识到巧妙运用叙述和可视化等策略在改变公众看法方面的力

量，他说："让公众改变其信念是 X 奖的基础，示范导致范式改变。"

戴曼迪斯的最新公司行星资源（Planetary Resources）将在小行星上开采水和金属。戴曼迪斯解释说："我们正在与美国政府合作，制定允许对小行星进行商业开发的法规。与有限的石油储备甚至海洋不同，太空资源是无限的。任何想要的人都可以使用它们，所以当这样的公司成功时，每个人都会受益。"

尽管戴曼迪斯提到的"无限"是专门针对工业资源广阔的新领域，但无限的愿景更普遍地推动了太空叙述。博斯特罗姆的"宇宙禀赋"代表着类似的无限构想。戴曼迪斯的太空叙述隐含着这样一种观念，即太空为人类提供了他们所能获得的任何东西的所有权。太空是无限的资源宝库，可以推动人类作为多行星物种的无限扩张。

太空生存叙述

电影《火箭飞船 XM》（*Rocketship XM*）中饱受批评的任务负责人、演员劳埃德·布里奇斯（Lloyd Bridges）在电影结尾说，太空探索将是人类的救赎。今天，许多人都将太空迷思作为确保人类生存和最终星际繁荣的手段。2014 年，克里斯托弗·诺兰（Christopher Nolan）的电影《星际穿越》（*Interstellar*）围绕着基本相同的主题展开：随着地球环境的恶化，只要我们有足够的勇气去冒险，外太空中的行星就将成为人类的下一个家园。几年前，由亚历克斯·普罗亚斯（Alex Proyas）执导的一部不太成功的电影《神秘代码》（*Knowledge*）就采用了这种叙述方式。在这个版本的太空生存叙述中，当地球在一次大规模的太阳耀斑中被摧毁时，一个外星种族选择了某些人类的孩子，并将他们运送到一个伊甸园星球。

然而，太空生存的叙述并不只是小说的主题。与超人类主义者结盟的救生艇基金会（Lifeboat Foundation）将太空殖民列为超人类主义者最感兴趣的十种技术之一。地球人口过剩被视为一个问题。随着人口的持续增长，太空殖民地将成为容纳未来出生的数十亿人口的必要条件。但是，我们人类在宇宙中繁衍，并在此过程中扩展生物多样性的共同使命对于基金会对太空殖民的兴趣也很重要。通过向宇宙的各个方向扩展，我们将能够在每一个星系中播种我们可以想象到的每一种动植物。相比之下，处于胚胎期的原始家园的基因多样性将显得微不足道。野蛮的自然将因此变得更加人性化。

救生艇基金会科学顾问委员会的一名成员确认，超人类主义的基本迷思对太空殖民的愿景至关重要，他说："通过未来主义哲学的相互关联，太空殖民与超人类主义密切相关。而且更直接的原因是，拥抱超人类主义对于殖民太空是必要的。"激进的人类增强和太空殖民与对未来技术的愿景联系在一起。由于太空条件恶劣，唯一合理的解决方案是升级我们的身体。不是改造宇宙，而是改造我们自己。增强的迷思推动了进入太空的实际准备的逻各斯。

迷思催生了仪式，诺斯洛普·弗莱曾写道，仪式推动冰冷的自然人性化，使其不再是人类社会的容器，而是被那个社会所包容，并被人类所控制。同样，诗歌可以揭示一个全能的人类社会，其中包含了自然的所有力量。对利科而言，迷思揭示了可能的世界。在超人类主义和技术未来主义的迷思中，没有什么比太空和太空殖民的叙述更能明显地体现这些神秘和启示的特质了。

这个迷思存在风险。太空作为人类避难所的叙述无法也不可能涉及整个人类，即使最乐观的技术未来主义者也会认识到，将所有活着的人送入太空是不可能的。相反，生存叙述强调了人类物种的生存，尽管它可能被太空力量重新塑造。2006 年，在中国香港的一次演讲中，著名物理学家斯蒂芬·霍金提出，人类向太空扩展对物种的生存来说非常重要。他非常担心人类灭亡。他说："地球上的生命正面临着越来越大的被灾难毁灭的风险，例如突然的全球变暖、核能、基因工程病毒或我们尚未想到的其他危险。"

霍金一直提倡物种在太空中生存的理念。霍金告诉英国广播公司（British Broadcasting Corporation，BBC）的记者："一旦我们扩展到太空，并建立起独立的殖民地，我们的未来就应该是安全的。"2012 年，在他 70 岁生日时，他再次肯定了这个观点。一场大范围灾难的近乎确定性构成了他叙述的基础，他说："人类有可能灭绝，但这并非不可避免。我认为几乎可以肯定的是，一场灾难，如核战争或全球变暖，将在 1000 年内降临地球。"这种对太空救赎迷思般的追求使人类生存的愿景远离了地球，也远离了大多数人类。虽然人类可能幸存下来，但任何特定的人都可能无法幸存下来。

著名的天体物理学家、英国皇家天文学家马丁·里斯爵士（Sir Martin Rees）也热衷于宣扬将太空作为避难所的迷思。他认为，由于全球灾难的轻微风险始终存在，人类应该在太空建立殖民地。他写道："人类只要仍被限制在地球上，就会变得脆弱。一旦在远离地球的地方（如在月球和火星上）存在自给自足的社区，或者可以在太空自由游荡，我们的物种就不会受到哪怕是最严重的全球性灾难的影响。"与霍金一样，里斯似乎关注的是人类作为一个物种，而不是人类个体成员的生存。就像迷思是思想的母体，并形成了我们心理习惯的背景，这种对个体的背离可能会鼓励损害个体权利的期望。迷思暗示了富有想象力的模式，对科学的期望和对事实的解释具有相当大的影响力。在里斯的叙述中，我们的物种可能会取代该物种中的任何特定成员。

我们的物种可能会在太空中产生其他物种。在里斯的迷思中，不受任何限制的有生命的机器或半机械人可能会利用各种基因技术分化成新的物种。这种可能性需要在太空中长期存在，一旦跨过了门槛，太空中出现了自给自足的生命，那么生命的长远未来就将是安全的。银河系注定的命运在这种叙述中占了上风，正如博斯特罗姆关于宇宙禀赋的观点，即太空是我们的。里斯预测，人类的基因复制将发生在有希望的星球上，从而保证在整个银河系中扩散。里斯的探索迷思设想了一个新人类或后人类时代，这个时代处于一个崭新的阶段，或者也许只是生命的长期持久性。

库普认为，迷思暗示着一种完成的动力，一种在可行的情况下对看到事物的充分发展的坚持。在里斯对迷思的演绎中，人类在太空中的终极目标或完美的概念是显而易见的；人类在太空中的永久存在将是划时代的进化转变，就像地球上开始出现陆地生命一样；尽管如此，它仍然可能只是宇宙进化的开始。在这种叙述中，人类物种被保证有一个近乎无限的未来，这将开启一些推测性场景，这些场景最终将使我们的整个宇宙演变为一个有生命的宇宙。里斯的迷思发生了启示转向，因为他着眼于后人类的潜能是如此巨大，即使是我们当中最厌恶人类的人也不会容忍它被人类行为剥夺。一个人在太空中违背了对完美的承诺将自担后果。

物理学家弗里曼·戴森是太空殖民迷思的另一位著名支持者。从 1957 年到 1961 年，他参与了提出使用核发动机进行太空飞行的猎户座计划（Orion Project）。戴森还曾担任太空研究所（Space Studies Institute）所长，该研究所成立于 20 世纪 70 年代，创始人是普林斯顿大学（Princeton University）物理学家、太空殖民倡导者杰拉德·K. 奥尼尔（Gerard K. O' Neill）。奥尼尔于 1977 年出版的《高处领域：人类的太空殖民计划》（*The High Frontier: Human Colonies in Space*）一书对太空殖民的前景和危险做了开创性的论述。奥尼尔还为 NASA 在阿波罗计划后的下一步太空探索提供了蓝图。

与霍金和里斯的叙述一样，戴森的叙述围绕着逃离和避难所的隐喻展开。他写道："如果生命能成功地逃离地球并扩散到宇宙中，接下来的数千年就可能将是科学的黄金时代。"永久的太空社区是我们进化过程中的一个阶段，是人类物种向新领域扩张的一个阶段。新人类和后人类世界将随着无限的避难所产生的多样性而出现。没有理由不让各种智能物种在不同的物理环境中填补各种生态位。在太空中，我们这个物种将变成许多物种。

在戴森的迷思中，多样性和无边无际的领土产生了变异种群的宇宙隔离，他认为："当变异种群生活在遥远的小行星上时，在地球上会造成社会分裂和政治上无法容忍的遗传差异可能是无害的。"在无限进化扩张的迷思中，人类殖民了太阳系、银河系和宇宙。他说："小规模的移民可能会持续几百年，然后生命才能完全适应并在围绕太阳运行的众多世界中疯狂繁衍。"

戴森设想将大批人口运送到大量的太空殖民地，从而显著减少地球人口，地球将成为一个纪念公园。他说："如果可以将过剩人口和工业人口输出到分散在太阳系中的太空栖息地，那么地球可能就会被作为一个未受破坏的荒野或生态公园而得到保护。"太空殖民迷思再次塑造了远离地球、走向太空的未来人口政策的逻各斯。宇宙中的一切都可供人类支配，就像博斯特罗姆的宇宙禀赋，而地球则是一个巨大的有机历史博物馆。

普林斯顿大学的 J. 理查德·哥特（J. Richard Gott III）也赞同将太空作为人类避难所的迷思。他写道："在太空中，自给自足的殖民地将为我们提供一份人寿保险，以应对地球上可能发生的任何灾难，地球上已经布满了灭绝物种的化石。"他说："人类航天计划的目标应该是通过殖民太空来增加我们的生存前景。"然而，这里的"我们"依然指的是人类物种，而不是人类个体。他说："由于时间紧迫，我们应该集中精力，尽快在太空建立第一个自给自足的殖民地。在太空中，即使只存在一个自给自足的殖民地，也可能给我们带来两个而不是一个独立生存的机会，从而使我们人类的长期生存前景翻倍。"

我们很可能将从火星开始殖民太空。罗伯特·祖布林（Robert Zubrin）教授在他提出的火星直航（Mars Direct）计划中指出，与其将宇航员从火星带回来，我们可能会选择让他们在那里繁衍，以那里的物质为生。我们希望他们待在火星上。这是他们有利于增强人类生存能力的地方。

在其他太空殖民迷思中，永久殖民地将不得不等待实用的人机半机械人的出现。对美国国家航空航天博物馆（Smithsonian National Air and Space Museum）馆长罗杰·劳纽斯（Roger Launius）而言，太空殖民地将需要半机械人技术。遵循探索迷思公式及其对完美的追求，太空殖民的目的与人类物种的发展息息相关。我们的目标变成了离开这个星球并成为一个多星球物种。太空是启示录，是一种新秩序，是人类进化的下一个状态。向启示录迈出一步的半机械人就在眼前：

> 有半机械人在我们周围走来走去。有些人在技术上得到了增强，比如心脏起搏器和人工耳蜗，这让这些人生活得更加充实。如果没有技术进步，我就不会依然活着。

在某些太空避难所的叙述中，半机械人是其核心。与其将类似地球的环境送到太空，人类在某种程度上应该更愿意适应他们将要前往的环境。成为星际后人类将迫使你重新考虑如何再造人类。

回应

美国天文学家、宇宙学家卡尔·萨根（Carl Sagan）在其职业生涯早期写道:"在我们未来的历史中,我们将探索太阳系并在那里安家。"萨根本人也深度参与了旅行者计划,他坚信,现在将是人类历史上的关键时刻。没有几代人能拥有像这样具有历史意义的机会。对萨根而言,宇宙主义火箭科学家齐奥尔科夫斯基是愿景和希望的源泉。他说:"用宇航学创始人齐奥尔科夫斯基的话来说,地球是人类的摇篮,但人类不可能永远生活在摇篮里。"这种关于人类在太空中追求完美的迷思已经形成了价值观和期望,迄今为止,这些价值观和期望在关于太空探索的讨论中都很明显。

太空迷思建立在必然的进步和后人类的迷思之上。从宇宙主义者到萨根,太空迷思学者都将遥远的行星和广阔的宇宙想象成我们后人类的进化命运、精神避难所和无限资源。太空迷思揭示了未知领域,打开了公众对超越了我们现实世界既定限制的其他可能世界的想象空间。对大胆的殖民者和勇敢的企业家而言,太空充满了希望,而不是严酷和陌生的领土。这个迷思向我们保证,一旦我们打破束缚我们与地球的锁链,并意识到我们在群星中的位置,我们就将找到那些长期存在的问题的解决方案。进化的命运和不可避免的进步为太空殖民带来了紧迫感,我们必须抓住时机。

对霍金、里斯、哥特和劳尼乌斯等人而言,太空殖民的叙述提供了一个生存场景的母体,例如地球已经枯竭或人类因疾病和战争而毁灭。太空是增强人类、后人类和半机械人永恒的天堂,那里的资源取之不尽。迷思认为,殖民者将把我们高度进化的后代的活动范围扩展到银河系的每个角落,这是唤醒宇宙意识以及将野蛮的自然人性化过程中的一步。在太空叙述中,一个新的天堂等待着地球居民,这些居民具备必要的技术,并愿意让他们的身体和思想被其他技术改造。

对这个疲惫的星球而言,这种愿景的伦理含义充满了启示般的绝望。关于迫在眉睫的环境崩溃、毁灭性的战争以及由此产生的人口外流的叙述几乎没有给环境行动留下任何动力，更不用说大规模和协调一致的全球环境和政治行动了，无数未被破坏的行星等待着我们的到来。旧地球成为对其祖先感兴趣的新一代生态游客的目的地。此外，浩瀚的太空和其中无数的行星可以用分离的场景，而不是对日益多元化但又相互依存的文化的叙述来激发想象力。随着新人类物种的发展和竞争开始出现，行星分离将是一个可能的解决方案。

我们对太空的梦想已经从探索冒险变成了关于进化命运和后人类完美的探索迷思。玛丽·米奇利写道："我们在太空中寻找的不仅仅是科学，而是全知。"虽然地球是我们的家园和发源地，但太空被描述为人类生存的场所，是我们救赎和改造的避难所。地球老龄化的现实和面临道德挑战的人类需要一个关于避难所、救赎和天堂的新愿景。

关于技术未来主义的
批评性回应

没有什么是我们做不到的。

彼得·戴曼迪斯

我们想成为后人类。

林肯·卡农 (Lincoln Cannon)

我们可以创造神。

雨果·德·加里斯

在任何情况下，无论宗教有什么缺点、科学无法取代它。

玛丽·米奇利

12

　　我认为，一系列相互关联的迷思存在于增强、超人类主义和技术未来主义的话语中，它们传播了一种不可避免的技术超越的愿景。通过这种方式，这些神圣的叙述构成了关于未来的言论，一种关于技术在塑造人类未来和未来人类中的作用的话语。我们提到的雷·库兹韦尔、尼克·博斯特罗姆、本·戈泽尔、拉梅兹·纳姆、安德斯·桑德伯格、马克斯·莫尔、詹姆斯·休斯、玛蒂娜·罗斯布莱特等作家和思想家，在非凡的技术突破之时登场亮相，这些突破有望带来巨大的社会、文化和商业变革。尽管这些技术产生了巨大的影响，但公众常常会误解它们的性质和潜在的文化影响。此外，关于这些技术的使用甚至对它们的监管，并没有被广泛接受的愿景。也就是说，我们必须创造出技术未来。这里探讨的迷思是我们拥有的最接近技术未来的全面愿景的东西。因此，这些叙述为探索科学和技术言论的一个方面提供了一套理想的文本，它有可能塑造出关于未来的迷思般的愿景。

　　在詹巴蒂斯塔·维柯、玛丽·米奇利、乔纳森·戈特沙尔、玛利纳·瓦勒、诺思洛普·弗莱、肯尼斯·伯克、劳伦斯·库普、布伦特·沃特斯和其他迷思理论家的带领下，我一直在寻找一个讨论迷思的框架，它比早期的迷思学者（如伊利亚德、弗雷泽和列维 - 斯特劳斯）更广泛地关注叙述问题。这个概念框架为评价超人类主义和增强话语提供了可能性，从而得以洞察迷思的战略潜力。我特别关注的是对迷思的叙述，以塑造对未来的愿景，迄今为止，这种潜力尚未得到充分发掘。我通过运用启示、顿悟、幻想、富有想象力的模式、完美和探索等概念，评估了主导叙述在塑造我们的生活、思维方式和未来梦想方面的话语力量。

玛丽·米奇利将迷思视为富有想象力的模式的观点为这种分析开辟了道路。作为这种模式的创造者，我们在前几章中讨论的叙述不仅构成了一组预测，而且构成了对未来有说服力的愿景。曾经处于公共和科学话语边缘以及青少年小说中的叙述，现在已经占据了文化的中心舞台。现在，它们作为有远见的模式的迷思力量足以挑战资本主义、基督教和达尔文主义等西方主要意识形态体系的霸权。此外，由于这些迷思为当今世界上最强大的商业力量（即技术）的思想、行动和监管提供了唯一全面的蓝图，它们正在获得前所未有的力量。未来是属于我们在本书中介绍的这些迷思学者的。

然而到目前为止，这些叙述很大程度上在规避审查的情况下，只作为TED演讲、科幻电影和小说以及吸引受过技术教育的人的商业书籍、学术会议和研讨会的主题。只有雷·库兹韦尔和他的奇点构想获得了足够的文化资本，得以在技术未来主义世界的边界之外得到广泛认可。出于这个原因，我们在本书中所探讨的技术超越的叙述可能会被视为反映了少数理想主义者的担忧，甚至是科幻幻想的投射。然而，正如布伦特·沃特斯所写："后人类的思想和言论已经塑造了后现代人的期望和想象。具体地说，个体越来越多地将自己视为自我构建的项目、投射和自己意志的产物。他们正在转向技术，以战胜阻碍他们满足欲望的身体限制。"从维柯到米奇利，这些作家都提醒我们，迷思对思想和行动产生了强大的影响。伴随这种力量而来的是忽视了迷思象征本质的过度现实主义所带来的风险，或者可能忽视了妨碍迷思实现的个人权利的坚定的完美愿景所带来的风险。

接下来，我想和你们讨论几个反复出现的问题，这些问题是对人类增强愿景的批判性反应，正如我们在本书中探讨的迷思。迷思愿景在话语社区中受到尊崇，创造群体认同感并鼓励某些态度和行动，这是很常见的。然而，当这种超验愿景在我们生活的世界，即一个资源有限、具身经验模糊、政治制度存在不确定性、宗教信仰冲突且正义失败的世界的现实中受到考验时，它如何站得住脚呢？对技术未来主义叙述的负责任批评往往集中在几个颇受关注的问题上，包括控制、人性、正义、伦理和宗教。

控制

控制是一个标志着对超人类主义和相关叙述的批判性反应的主题。技术超越的迷思设想不仅仅是对身体和思维的激进增强，还是对未来的理性、道德、物理的控制。人类将不再受到自然、宗教或经济差距的支配。政治控制很少被提及，但确实代表了一个隐含的令人关注的话题。如果技术增强遵循超人类主义的迷思，那么政策的逻各斯可能会成为一种确保增强的手段。这种对特定议程的优先排序可能会导致个人权利受到限制。

从贝尔纳和朱利安·索雷尔·赫胥黎时代开始，定向进化一直是更广泛的增强迷思（即，我们将用技术来控制我们的进化）的关键组成部分。通过技术手段，我们将自己塑造成一个想象中的理想形态（无论是身体上还是精神上），并最终让我们的后代成为后人类。弗朗西斯·福山写道，超人类主义者只是要将人类从其生物学限制中解放出来。在启示超人类主义迷思中，人类作为一个物种，必须从进化过程中盲目的随机变异和适应中夺取他们的生物命运，并进入下一个阶段。

增强支持者将对控制人性的叙述理解为对传统、保守主义和过时的宗教意识形态的勇敢反对。哲学家罗伯特·斯帕罗（Robert Sparrow）指出，人类增强的倡导者有一种趋势，他们认为自己是勇敢对抗非理性和保守主义的力量，以得出其他人不敢得出的结论。政治科学家迈克尔·桑德尔（Michael Sandel）对在基因水平上激进增强的前景也有类似的担忧。他认为，该项目可能是我们决心让自己跨入世界，并成为我们本性的主人的终极表达。

医生和哲学家杰佛里·毕肖普也在超人类主义的愿景中发现了一种产生了权力本体论的权力意志，权力在进化生物学的起止中循环。后人类的愿景抓住了这种权力的自然循环，这种形成并利用这些创造性的进化力量作为一种控制混沌力量的手段。对毕肖普而言，这种秩序化的力量，即人类将开始控制创造的力量，是超人类主义的神学。在这种新神学中，这些超人类主义哲学家的神是控制创造力朝向一个新存在的一个新的神，也就是说朝向后人类的神。毕肖普想知道超人类主义是否已经与权力神学、超人说的微妙神学结合在一起了呢？

毕肖普认为，技术不是中立的，而且不仅仅是一种工具；相反，在当今这个时代，技术已经从根本上改变了我们的形而上学思维。技术是对世界的一种态度，一种挑战世界为我们生产东西的方式。超人类主义的权力本体论认为，只有当事物是有用的事物时，它们才有价值。因此，借用我们在之前章节中关于太空的一个例子，小行星本身并不是一个多么有价值的东西，而是一个可以开采有助于人类进步的材料的新地点。

科学永远不会不受政治影响，因为科学问题的提出总是有政治方向性。科学也永远无法摆脱言论技巧，因为总有需要说服的公众和资助机构。对毕肖普而言，弗朗西斯·培根展示了科学过程和论证的工具性。权力与科学的联系使毕肖普认为糟糕的政治会影响优秀的科学，而糟糕的科学往往伴随着糟糕的政治。这只是一个语言上的结果，因为科学技术从来都不具有政治性。作为他对超人类主义意识形态批判的一部分，毕肖普援引了将医学变成政治权力的历史先例。在一种新的增强的生物政治制度下，人类可能会扮演实现目标，即不可避免的和全善（omnibenevolent）的后人类未来的手段的角色。

社会学家迈克尔·豪斯凯勒也关注超人类主义迷思中固有的权力动态，特别是当他将增强叙述视为一种乌托邦思想的时候。他写道："博斯特罗姆毫不掩饰地支持的乌托邦观点并没有什么特别之处；相反，它是相当普遍的，并且显然被许多人认同，这些人认为人类在新兴的、融合的技术以及总体的技术增长中获得救赎。"乌托邦的技术未来主义愿景很大程度上归功于威尔斯，他通过对不断进步的内在承诺将现代乌托邦区分开来。豪斯凯勒认为，超人类主义将其努力的重点放在了战胜自然上，不仅是我们周围的自然，而且是我们自己的本性。只有在这种普遍存在于超人类主义作品的完全控制的愿景中，终极乌托邦的潜力才能够得以实现。这种渴望得到控制的迹象表现在对个人永生以及获得全能、全知，甚至全善等品质的毫不掩饰的渴望中。因此，豪斯凯勒与肯尼斯·伯克一样，对完美意识形态中的极权主义潜力感到担忧。

对豪斯凯勒而言，理解乌托邦思想和形象在超人类主义作品中的确切功能是理解这场运动的关键。豪斯凯勒认识到了迷思与逻各斯之间的密切关系并指出，乌托邦式的叙述为增强技术的发展和认可提供了相当大的动力。他认为，正如米奇利肯定迷思为指导行动提供了富有想象力的模式，如果没有对这种乌托邦式幻想的突出展示，很有可能就不会有那么多的人愿意资助增强技术的研究和开发。因此，这些想法对潜在的追随者和投资者起到了号召作用。

以超人类主义叙述为特征的思想和形象不仅是激励人们支持激进增强的手段，而且影响了那些支持人类自我改造的论点，特别是支持了这样一种说法，即开发和使用技术来实现转变是我们的道德责任。设定议程并赋予议程道德紧迫性的双重潜力解释了超人类主义和增强迷思的大部分力量。这种乌托邦式的话语寻求一种不受我们无法控制的事物限制的生活。

豪斯凯勒说：“旧等式中增加了一些新内容。改变的是，由于生物科学和相关技术的飞速发展，历史上，我们似乎第一次有可能很快实现这一切，我们将摆脱疾病和死亡，知道一切需要知道的事，无拘无束地享受快乐，并与他人和自己和睦相处。”

乌托邦的理想秩序似乎触手可及，这表明完美主义逻辑所暗示的控制暗示可能是未来言论的特征。虽然迷思对完美的愿景与整体性密不可分，但迷思从来都只是一种态度。迷思可能设定一个完美的开始、一个天堂，或者一个完美的结局，但它总是介于二者之间。当那个王国似乎就在眼前时，等式可能会改变，而认知上的谦卑可能会消失。

人性

已故神学家让·贝思克·爱尔希坦也发现了技术未来主义意识形态中的控制冲动。她写道：“乌托邦式愿景的背后是极权主义冲动，这种冲动并没有穷尽乌托邦梦想的全部内涵，但我们不敢忽视，实现完全控制的冲动是乌托邦梦想遗产的主要部分。”

爱尔希坦发现了增强话语中的控制与人类是否具有固定本性的问题之间的联系：

> 有些人将身体视为可以以各种方式操纵的原材料。我们并没有真正的“本性”，所以这在伦理上没有问题。唯一令人沮丧的是一个实际的

问题是，我们如何尽快完全控制我们希望成为什么样的实体？

贝克·爱尔希坦在提及古代的诺斯替迷思提升了精神而贬低了肉体时写道：“当我注意到一些被增强的支持者提倡的奇怪场景时，它让我想起了诺斯替主义，这是早期从混乱的人类化身逃至纯粹的精神领域的异想天开。”她特别提到了只冷冻头部的冷冻保存方法。关于技术不朽迷思的一种变体，爱尔希坦写道：“显然，这种我称之为‘笛卡尔式斩首’的形式对超人类主义的宣传者而言是完全没问题的，因为未来的科学一定会在未来制造出非人类的身体。”身体是可消耗和可替换的，正如贝尔纳在 1929 年所说，大脑才是最重要的。爱尔希坦将这种对肉体的贬低称为“现代的肉体脱离”，称其为潜在的诺斯替主义的完美纪念碑。

人性是人类增强辩论的核心。增强的支持者拒绝定义人类本性的概念，因此在塑造新人类的道路上没有任何障碍。他们采用了一种关于人类的叙述，在这种叙述中，我们的本性一直在变化，关于人类的一切都不是固定的、不变的或神圣不可侵犯的。另一方面，随着我们逐渐将自己变成后人类、将自己下载到电脑中，或以其他方式彻底改变自己，增强的批评者担心人性（无论是作为上帝的礼物、进化，还是两者兼而有之）的丧失。由于一些新工具促进了基因结构的深刻变化，一些人认为这些工具具有改变人性的潜力，因此关于人性的辩论变得十分紧迫。CRISPR/Cas9 技术因其为基因治疗带来的简便性和准确性而正在得到生物技术界的关注。最近的基因干预已经从性状选择和治疗转向了改变可遗传的基因性状，这一发展对整个人类的遗传密码都有影响。

哈佛大学生命科学项目创始人胡安·恩里克斯（Juan Enriquez）预测基因是万能的。他说：“现在，我们开始能够改写生命，不仅是一个基因一个基因地改写，而且是一次改写整个基因组。”他解释说：

　　这就是在托尔斯泰的小说中插入一个词或一个段落（这是生物技术所做的）和从头开始写整本书（这是合成生物学所做的）之间的区别。如果你要完成所有事情，那么从根本上改变小说、种子、动物或人类器官的意义和结果就容易得多。

　　生物技术实验室已经具备了这样的潜力。2012 年底，俄勒冈健康与科学大学（Oregon Health and Science University）的舒克拉特·米塔利波夫（Shoukhrat Mitalipov）博士领导的研究小组宣布，他们已经替换了人类卵细胞线粒体 DNA 中的致病基因。这些改变本质上是生殖系的，即能够从一代传给下一代。伦理学家玛西·达尔诺夫斯基（Marci Darnovsky）评论说："这种基因工程已被禁止。这是一条非常鲜明的界限，世界各地的科学家都观察到了这一点。"然而，有了新的基因技术，我们将走向这样一个世界：在这个世界中，一些人，也就是那些能够负担得起这些手术费用的人，将拥有真正的或可感知的基因优势。尽管存在这些担忧，但研究人员表示，预防遗传疾病的真正好处远远超过了假设的风险。弗朗西斯·福山认为，我们已经可以感受到普罗米修斯欲望的萌动已经在我们要如何利用处方药物来改变孩子的行为和个性方面表现得很明显了。他补充说："环保运动教会了我们谦卑和尊重非人性的完整性。"

正义

　　人性问题与可能影响人类 DNA 结构的研究有着错综复杂的联系，随之而来的是后人类物种的愿景。然而，激进的人类增强辩论中的人性也与对正义的关注有关。福山还对改变人类基本素质的努力感到担忧。他认为，尽管我们可以对超人类主义不屑一顾，认为其不过是过于严肃的科幻小说，但超人类主义是一项需要认真对待的运动。他尤其关注超人类主义的意识形态和目标对正义的影响。此外，他发现该计划看似合理，尤其是在考虑小幅增量时，但也有其危险。他写道：

> 社会不太可能突然陷入超人类主义世界观的魔咒。但是，我们很有可能会对生物技术的诱人产品感兴趣，却没有意识到为获得它们要付出可怕的道德代价。

这些代价可能很高昂：超人类主义的第一个受害者可能是平等。从历史上看，谁算作人的问题一直与严重侵犯人权的行为有关：

> 美国的《独立宣言》(*The Declaration of Independence*) 中说"人人生而平等"，而美国历史上最严重的政治斗争一直围绕着谁有资格成为拥有独立人权的人进行。1776 年，托马斯·杰斐逊 (Thomas Jefferson) 撰写《独立宣言》时，女性和黑人并没有入选。先进的社会已经缓慢而痛苦地认识到，仅仅作为一个人，就有权利享有政治和法律上的平等。实际上，我们在人类周围画了一条红线，并说它是神圣不可侵犯的。

所有个体都拥有人类的本质，并且这种本质使人与人之间的明显差异相形见绌的观点巩固了人权和政治自由主义的理念。这种本质，以及个人因此具有内在价值的观点是政治自由主义的核心。但改变这种本质是超人类主义项目的核心。甚至将我们自己变成某种更高级的东西的想法也引发了这样一个问题：这些增强的生物将要求什么权利？与那些被遗忘的生物相比，它们将拥有什么权利？如果有些人前进了，其他任何人都承担不起不跟随的后果吗？当考虑到对世界上最贫穷的国家而言，生物技术的奇迹可能遥不可及时，这一系列问题尤其令人不安。

这个问题的核心是超人类主义者的信念，即他们了解是什么构成了一个好人，以及相应的潜力，即他们乐于将他们看到的有限的、终将死亡的、自然的存在抛在脑后，转而追求更好的东西。人类是漫长进化过程中的神奇和复杂的产物，篡改人类的基本组成部分就是在挑战命运。即使消除一个明显的弱点，也会影响互补的力量。例如，如果我们从不嫉妒，我们就永远感受不到爱。因此，修改我们的任何一个关键特征都不可避免地需要修改一个复杂且相互关联的特征组合，我们永远无法预测最终结果。

增强愿景带来的另一个挑战是可能会出现新的精英，他们将控制获得增强技术的机会和对增强技术的监管机制。哈瓦·提罗什-萨缪尔森在其作品中提出了这个担忧，他写道："技术是人类表达权力意志的手段，而技术变革的速度正在急剧加快，并扩大了精英与那些无法获得技术进步的人之间的差距。"同样，贝思克·爱尔希坦也表达了她对超人类主义愿景中对女性的蔑视的担忧。她认为，逃离身体的梦想包含了对女性的拒绝，她说："极少数人，其中绝大多数是男性，想要消除我们现在已足够了解的身体。正如普林斯顿大学后人类主义生物学家李·希尔佛（Lee Silver）所说，我们将'改变我们物种的本性'。"

爱尔希坦在这样的愿景中发现了对熟悉的、私人的以及她所谓的自然与超越的召唤的拒绝，而且，这种厌恶的支持者大部分都是男性。她这样写道：

> 有趣的是，在这样的愿景中，"女性"总是作为一个问题出现。她们太被具体化定义了，太执着于特定的关系和依附，尤其是对她们自己的孩子等。因此，当代的肉体脱离的倡导者在人口统计学上应该是男性（绝大多数是男性）并享有相对特权也就不足为奇了。

技术未来主义叙述的排他性明显体现在他们对阶级、种族和性别问题的漠视中，这些漠视可能反映出男性、受过高等教育的领导者的主导地位。

伦理

技术超越的叙述可能看起来像是简单的未来预测，但是如上所述，它们远不止如此。这些叙述中隐含的是一种未来的伦理、一种技术进步的伦理以及一种人的伦理。玛丽·米奇利指出：

> 这场科学运动的先知们对他们所谓的科学的期望不亚于一种新的、更好的伦理，一种道德的直接基础，一套独特的世俗价值观，它将取代早期由宗教提供的价值观。他们希望它能够取代并代替传统道德思想的腐败和混乱。

未来主义迷思可能会巧妙地将技术话语的焦点从描述性转向道德规范的应然性；迷思家将技术进步的惊人速度和复杂性作为其必然性的保证，并将必然性作为其道德可信度的证据。在未来的言论中，技术变革的速度可以等同于这种变革的正确性。这是我们在选择迷思时需要小心的另一个原因，因为正如米奇利和伯克所指出的，我们可以选择我们的迷思，但无法选择在完全不使用任何迷思或愿景的情况下理解（我们所居住的世界）。迷思为各种学说和政策的命题逻各斯提供了叙述基础，也为道德的说教逻各斯提供了叙述基础。

我们所探讨的迷思的紧迫性和力量构成了启示分心的风险，即倾向于关注当前秩序的即将终结，而不考虑当前的道德问题。因此，拉尼尔对以全面的、预期的未来时态来讨论奇点迷思表达了保留意见，因为这会分散人们对当前问题的注意力。他说："理智和狂热之间的区别在于信徒能在多大程度上避免混淆时间上的结果差异。"他解释说："如果你相信被提（Rapture）即将到来，那么解决今生的问题可能就不是你最优先考虑的事情。你甚至可能渴望拥抱战争，并容忍贫穷和疾病，以创造某些可以促成被提的条件。同样，如果你相信奇点即将到来，你可能就会停止设计服务于人类的技术，而是为它将带来的大事件做准备。"

我们所探讨的未来主义话语中的另一个伦理问题是它倾向于对人的还原隐喻。机器和信息隐喻潜伏在背景中，坚持认为我们是等待与真正的机器完美融合的机器，或是将被下载到计算机中的信息。机器和信息隐喻暗示着混合性和永生，挑战了传统的人性概念和基于这些概念的伦理学。在被问及将人类与机器进行比较的倾向时，米奇利认为这个比喻导致我们将人视为机器，因此得出的结论是，我们只需稍微改变一下机器的设计，社会就会得到极大的改善。这种想法支持了乌托邦式的控制策略，并助长了将人视为实现完美目标的不完美手段的道德错误。

伦理方面的考虑还有对身体描述的还原论倾向。从贝尔纳到现在的增强迷思都认为身体不如大脑重要，或者身体是要逃脱的监狱。超人类主义迷思崇尚离开身体及其偶然限制。在克拉克和斯特普里顿等小说家的作品，以及戈泽尔和德·加里斯等当代人工智能专家的愿景中，高度进化的后人类最终抛弃了身体，并将其视为生物过去的遗物。作为一个物种，转变涉及我们通过硅脉冲转化为永生的电子。这种对电子、信息或智力的叙述还原微妙地影响了对身体，尤其是对那些饥饿的、受折磨的、残疾的和患病的身体的关注。

爱尔希坦担心，技术超越的迷思会将我们带回诺斯替主义的观点，这种观点将身体理解为监狱，将身体体现理解为一种堕落和原始的存在。因此，诺斯替派的精神目标是逃离身体。虽然技术超越的迷思设想了一个激进增强的人类，但是增强的愿景建立在这样一种假设上，即人类的一些品质值得改进，而另一些则可以被忽略甚至抛弃。最有价值的往往在大脑中。

这种观念可能反映了对完美的人类和理想的人类社会的一种危险的不完整理解。"最好和最聪明的"等词语可能会掩盖这样一个事实，即"最糟糕和最愚蠢的"也是人类，也具有指导性特征，也过着值得保护的生活。我们再次想起肯尼斯·伯克对极权主义完美愿景的警告。一个社会识别并保护其最弱成员的能力可能是对其道德水平的真正考验。如果要在"非常不吸引人"和"非常吸引人"之间做出选择，大多数人都会选择后者。如果要在"聪明"和"迟钝"之间做出选择，大多数人都会选择前者。这种优于平均水平的偏好并没有改变我们大多数人并不是特别漂亮或聪明的事实。即使是我们当中那些天生就有天赋的人，也不会终生拥有这些天赋。历史充斥着关于人类完美愿景的危险的警告。然而，有越来越多的文献支持基因干预和其他旨在实现完美的技术。

杰伦·拉尼尔曾写道，技术未来主义思维的第一个失败可能是精神上的失败，它鼓励否认经验存在之谜的狭隘哲学。因此，我们很容易将我们称之为"希望"的信仰飞跃从人类转向小工具。在改进的名义下，增强将人类简化为可观察的，也许这只是目前流行的做法。尽管存在关于进步和改进的想法，但我们中有多少人希望按照 1860 年甚至 1960 年左右的价值观或科学见解来塑造自己的基因呢？然而，一些后人类未来愿景的倡导者认为，比起我们的祖先，我们现在在某种程度上不受时代假设的限制。到 2060 年左右，完美的人类的概念就永远适用了吗？我们并非无所不知，我们总是会面临弱点，我们的决策也会出错。然而，技术未来主义和人类增强运动的话语以无法解释的信心表明，永生、全知和全能可能而且应该通过技术来实现。

宗教

技术超越的迷思设想了一个以永生、机器神和后人类为标志的未来，随之而来的是指数级技术增长的浪潮。在技术未来主义中，与宗教的相似之处或对宗教的模仿是不可避免的。19 世纪的宇宙学家费多罗夫预言了整个人类在技术上的复兴，而德国生物学家恩斯特·海克尔则创立了以进化论和太阳崇拜为基础的宗教。法国古生物学家德日进在 20 世纪 20 年代经历了不断进化的愿景，而他的崇拜者和朋友朱利安·索雷尔·赫胥黎在 20 世纪 40 年代和 50 年代宣扬了进化论宗教。

最近，记者乔尔·加罗建议可以用宗教仪式帮助调整增强过程中的情绪；电影制片人吉姆·吉列姆断言，为共同目标而努力的网络社区将成为创建者；物理学家加来道雄预测，我们的后代可能会像神一样出现在我们面前；计算机科学家本·戈泽尔对机器神的出现充满信心；哲学家尼克·博斯特罗姆将他的模拟假说描述为一种当代创世迷思，后人类扮演了神的角色；社会学家威廉·希姆斯·本布里奇呼吁建立一种新的宗教，来开辟进入太空之路。从阿尔科生命延续基金的马克斯·莫尔到特雷塞基金会的玛蒂娜·罗斯布莱特，众多技术未来学家都在想象永生与复活。至今，人们对奇迹、复活、永生等话题仍存在争议，旧式精神宗教界人士与新式技术宗教界人士针锋相对。这不再是科学与宗教的问题，而是新的科学宗教与旧的传统宗教的问题。

一些观察家认为，我们目前正在见证一种强大的新技术宗教的出现。一些人欣然接受了这种可能性，而另一些人则察觉到了其中的严重危险。作为将激进的技术议程与精神追求相结合的叙述，技术未来主义迷思解决了人工智能专家雨果·德·加里斯表达的渴望，即创造出一些满足精神渴望的事物，并符合你的智力、知识和科学的标准。对德·加里斯而言，这种将精神渴望与技术现实结合的梦想构成了一种基于科学的信仰体系，它充满活力，它创造了一个愿景，它令人兴奋。德·加里斯将这种希望称为造神的想法。超人类主义的批评者、神经学家承现峻在其作品中也强调了这一点。然而，这种新技术宗教的伦理细节显然没有出现在讨论中。德·加里斯、承现峻和其他许多人提出了这样一个问题：我们应该如何看待超人类主义愿景中的宗教愿望？

拉尼尔一直是新兴技术宗教的主要批评者。他在源源不断的叙述中发现了一种危险的宗教狂热，即认为智能机器是一种新的生命形式，我们应该将它们视为同类而不是工具。这样的叙述正在以误导和具有破坏性的方式重塑我们生活的基本假设。对于那些认为我们可以作为全球大脑中的算法而永生的真正信徒，拉尼尔回应说：

> 的确，这听起来像许多不同的科幻电影。没错，坦率地说，这听起来很疯狂。但这些想法在硅谷非常常见。这些是许多最有影响力的技术专家的指导原则，而不仅仅是娱乐。

这种叙述同样与信仰紧密相连，这暗示着一些值得注意的东西：我们看到的是一种新的宗教，它通过一种工程文化来表达。

拉尼尔警告说，在相关的紧张局势使我们产生压力之前，有关技术的宗教言论需要缓和下来：

> 如果技术专家正在创造他们自己的超现代宗教，并且人们被告知要礼貌地等待，因为他们的灵魂已过时，那么我们可能会看到紧张局势的进一步恶化。但是，如果技术没有形而上学的包袱，现代性是否就有可能不会让人感到不舒服呢？

拉尼尔对新的宗教愿景持怀疑态度。他写道，当科学家将宗教观念排除在其工作之外时，他们才能为人们提供最好的服务。

尽管有这些担忧，一些技术未来主义运动开始将自己视为宗教。叙述迷思正在催生教义逻各斯。桑德伯格指出："刻意构建的超人类主义宗教体系也是存在的。例如，特雷塞运动声称是'跨宗教的'，即'一种可以与任何现存宗教结合的运动，而不必退出以前的宗教'。"超人类主义作家朱利奥·普里斯科也提出了一种他称之为宇宙主义的技术未来主义信仰，并将该体系宣传为一种新兴的宗教 2.0 版本，它是关于人类未来发展的激进未来主义概念的一部分。宇宙主义将提供解决我们当前的问题并开始我们的宇宙之旅所需的积极乐观的态度。宇宙主义宗教的未来魔力超出了我们目前的理解和想象。构成这种未来主义信仰的思想最初是 19 世纪末从俄罗斯宇宙主义中发展起来的。康斯坦丁·齐奥尔科夫斯基和尼古拉·费多罗夫认为科学是上帝赐予我们的工具，让我们能够使死者复活，并按照承诺享受永生的生命。

普里斯科预计，未来将存在类似神的生物，他们也许能够通过时空工程来影响他们的过去，也就是我们的现在。此外，那里的文明很可能已经获得了神一样的力量。普里斯科称之为未来魔法的未来技术将允许通过科学手段实现宗教的大部分承诺，以及人类宗教从未梦想过的许多令人惊奇的事情。他有时将他的项目称为图灵 – 丘奇（Turing Church），以纪念数学家艾伦·图灵和哲学家阿隆佐·丘奇（Alonzo Church）。普里斯科将他最初的努力视为基于意识上传、合成现实和技术复活的宗教 2.0 提案。图灵 – 丘奇是科学与宗教交汇处的封闭工作组。

这种技术宗教的核心是图灵 – 丘奇猜想，它与信息人的迷思相一致：人类的思维是一台计算机器，可以被转移到任何其他计算机器（如计算机）上，从而导致人格永生。图灵 – 丘奇将是一种元宗教：一个没有中心教义的团体，一个处于科学与宗教的交汇处的思想、概念、希望、感觉和情感的松散框架，并与许多现有的和新的框架兼容。新宗教将为追随者提供意义和惊奇感，以及基于科学的个体永生和复活的希望。

随着超人类主义和增强宗教的形成，以及大众越来越熟悉它们的支持性叙述，肯定会存在外部挑战、内部适应和群体间争议。除了特雷塞信仰和图灵－丘奇等组织，已经出现了一个基督教超人类主义协会，而摩门教超人类主义协会（Mormon Transhumanist Association）是世界上最大的超人类主义组织。毫无疑问，我们正在进入这样一个时代，在这个时代中，技术超越的愿景将和那些与传统宗教相关的神圣迷思，以及为数十亿人提供道德结构和希望感的叙述争夺忠诚度。

批评者基于技术必然性来发现神学中所固有的风险。在这些风险中，有一种回避对愿景本身的批判性评估的倾向。医生和哲学家杰佛里·毕肖普写道，质疑技术宗教就是质疑我们成为我们想要成为的样子的自由，以及启蒙运动、自由主义甚至人文主义产生的所有好处。当我们将激进的增强意识形态转变为一种总体性的神学时，那么质疑后人类的未来就是质疑后人类的上帝，这是对当代的一种亵渎。

技术进步是现代存在的事实，与金融体系、科学事业、医疗实践、教育课程、社会结构甚至政体密不可分。技术进步还与深层次的道德问题有关，包括作为人类的意义、人类的价值以及技术干预对我们自身结构的限制。

我们的工作环境、我们的教育环境和理想、我们接受的医疗、我们生活的家园、我们最珍视的关系以及我们的国防和司法体系，都将因迅速出现的技术而发生巨大的变化。而且，每一项新的变革性技术突破都需要建立在可靠且经过检验的叙述基础上，以承受即将到来的技术乌托邦愿景的道德压力。关于理想化未来的全面而紧迫的理论很快就将呈现出它自己的末世论及其对真实的、正在发生的事情（除了那些只有先驱者才会明白的预兆性事件）的启示。当我们回顾过去那些留下伤痕的过度行为，并展望将塑造我们的、但我们还不熟悉的强大力量时，我们需要谨慎。那些已经指导并塑造了我们所居住环境的、经过检验的迷思不应被尚未经过人们仔细思考的新迷思所取代。技术未来是不可避免的，而可以避免的是带有破坏性的过度行为，这些过度行为源于我们对经过技术改造的自我的不可侵犯的迷思般愿景的想象。正如米奇利和伯克提醒我们的，虽然我们可以选择我们的迷思，但无法选择在完全不使用任何迷思或愿景的情况下理解（我们所居住的世界）。

译者后记

"人类增强"，即把人类和信息技术、机器人结合起来，飞跃式提高人类本来具备的能力的各类新技术，已经逐渐渗入当今的学术和工业界，并逐渐走进我们的生活。

回顾技术发展的历史，我们可以清楚地看到，技术的突破往往会带来引人注目的社会、文化和商业变革。从机器时代到电气时代，从信息时代到互联网时代，各种技术的融合让物理、数学和生物等领域之间的界限变得越来越模糊，而且近年来，人类在传感器、机器人工程学、人工智能（AI）、认知科学、基因工程、算力等新兴科技领域取得了不少重大突破，这种突破在深度和广度上不仅带来了整个生产、管理和治理系统的转型，而且也促使人类运用尖端技术来提高自身的能力。

关于增强人类的讨论已经持续一段时间了，市面上也已经有了很多相关图书。其中，既有日本知名学者稻见昌彦（Masahiko Inami）撰写的系统介绍人类增强理论和技术的《超人诞生》，也有患有运动神经元病的著名机器人科学家彼得·斯科特–摩根（Peter Scott-Morgan）讲述如何将自己改造成赛博格（cyborg）的故事——《彼得 2.0》（*Peter 2.0*）。这些著作引发了诸多关于人类生命的定义、生与死的边界以及人与机器区别的思考与讨论。2021年，元宇宙概念的突然出圈让人们愈发意识到，物质世界和虚拟世界之间的界限正变得模糊。无论是虚拟与现实，还是人与机器，其中关于人性、正义、伦理和宗教等的话题都值得我们探究和思索。

本书作者尝试深入探索技术未来主义者的迷思和叙述，帮助我们理解人类增强愿景的来源，以更加理性地面对和应用技术，更加理智地畅想技术的未来。本书以对技术及其未来叙述全面且慎重的审视而脱颖而出。作者在为我们讲述关于未来的叙事时，引入了历史视角，清楚地解释了这些叙事是如何推动技术进步和相应政策制定，以及超人类主义信念的来源及其将如何推动我们未来的发展和进步。

这本书关注的是关于未来和技术的迷思，而没有涉及太多具体技术的实际应用。因此，无论你是技术人员、研究人员，还是关注计算机和互联网行业的学者和学生，或仅仅对哲学、未来主义或人类未来感兴趣的读者，相信你都会从本书中有所收获。

最后，由于译者水平有限，书中难免存在一些错误、疏漏或不妥之处，恳请读者给予批评指正。

赵　翌　陈天皓

2022 年 2 月

北京阅想时代文化发展有限责任公司为中国人民大学出版社有限公司下属的商业新知事业部，致力于经管类优秀出版物（外版书为主）的策划及出版，主要涉及经济管理、金融、投资理财、心理学、成功励志、生活等出版领域，下设"阅想·商业""阅想·财富""阅想·新知""阅想·心理""阅想·生活"以及"阅想·人文"等多条产品线，致力于为国内商业人士提供涵盖先进、前沿的管理理念和思想的专业类图书和趋势类图书，同时也为满足商业人士的内心诉求，打造一系列提倡心理和生活健康的心理学图书和生活管理类图书。

《金融 AI 算法：人工智能在金融领域的前沿应用指南》

- 汇集人工智能和金融领域意见领袖和专家的实战经验和真知灼见，颠覆金融领域的传统模式和技术。
- 全面透析人工智能在金融市场、资产管理和其他金融领域的前沿应用和未来发展趋势。

《AI 应用落地之道》

- 从 AI 核心技术、样本数据提取到业务流程构建、人才培养机制，MIT 人工智能研究所客座研究员、日本人工智能专家全流程指导，帮助企业实现 AI 技术的落实应用，指导个人从知识劳动人才向智能劳动人才转变。
- 只有立足于 AI 供应商和用户企业双方的立场，才能使企业通过运用 AI 获得较高的投资回报率，提升生产效率，从而解放人类工作者，进一步提升社会整体的幸福感。